名まえしらべ
川や池の魚

河合 典彦・小川 力也 共著

近づいてきたメス（手前）を，なわばりにさそうイタセンパラのオス

保育社

まえがき

　川や池の水べに立つと，「この水のなかに，何がいるのだろうか」と考えてしまいます。陸上とちがって，水のなかは，まったく別の世界です。深い海はもちろん，小さい川や池のなかでさえ，わたしたちのよく知らない世界です。そんな世界の主役は，いうまでもなく淡水魚です。日本は雨が多くて，地形が変化に富むので，大小の河川や池，湖などがあります。そこには，さまざまな種類の淡水魚がくらしており，北海道から沖縄まで，およそ300種類がすんでいるといわれます。それらの淡水魚のうち，この本では，みなさんが釣りや魚とりなどで出会うチャンスが多いと思われるものを選んで紹介しています。そして，それらの淡水魚の名まえを，単なる絵あわせではなく，体の特徴から調べられるようにくふうしています。しかし，淡水魚はよくにたものが多く，イラストや写真をのせられなかったものもあります。そのような種類は，説明ページの左右に名まえだけを上げていますので参考にしてください。

　最近は，鮮明な写真や映像を目にすることが多く，あたかも実物をみているような錯覚にとらわれてしまいがちです。しかし，実物がもつ感触や，魚がすんでいる環境などは，写真や映像だけでは決して伝わりません。自然のなかに身を置いて，実際に魚に接してこそ理解できることです。この本が，淡水魚をとおして自然のなかで感動をうけるきっかけになれば，こんなうれしいことはありません。

　最後に，この本を著すことをすすめてくださった京都大学の遊磨正秀先生，全国の淡水魚の貴重な情報と写真をご提供くださった写真家の内山りゅう氏に厚くお礼申しあげます。また，出版社の保育社はもとより，データ作成のコミュニティ企画，さらに印刷，製本に携わっていただいたすべての方々に深謝いたします。

著者を代表して　河合　典彦

もくじ

川や池の魚 検索図 …………………………………… 4

トゲウオ型 …………………………………………… 6
ウナギ・ドジョウ型 ………………………………… 7
ナマズ・ギギ型 ……………………………………… 10
ライギョ型 …………………………………………… 12
メダカ型 ……………………………………………… 13
ハゼ・カジカ型 ……………………………………… 14
カレイ型 ……………………………………………… 19
シラウオ型 …………………………………………… 20
標準型 ………………………………………………… 21
  サケ型 ………………………… 22 カマツカ型 ……………… 34
  スズキ型 ……………………… 26 ハエジャコ型 …………… 35
  ボラ型 ………………………… 29 レンギョ・ソウギョ型 … 36
  コイ・フナ型 ………………… 30 モロコ・ウグイ型 ……… 37
  タナゴ型 ……………………… 31

魚がくらす環境 ……………………………………… 40
魚のくらし …………………………………………… 44
魚を採集して，調べよう …………………………… 48
漁業や調査でのとらえ方 …………………………… 49
川や池の魚があぶない ……………………………… 50
魚がくらせる環境をとりもどそう ………………… 52
魚の体のつくりとはたらき ………………………… 53
魚の体の特徴と大きさの表し方 …………………… 54
魚の説明 ……………………………………………… 55
 さくいん ………………………………………… 93

川や池の魚 名まえしらべ 検索図

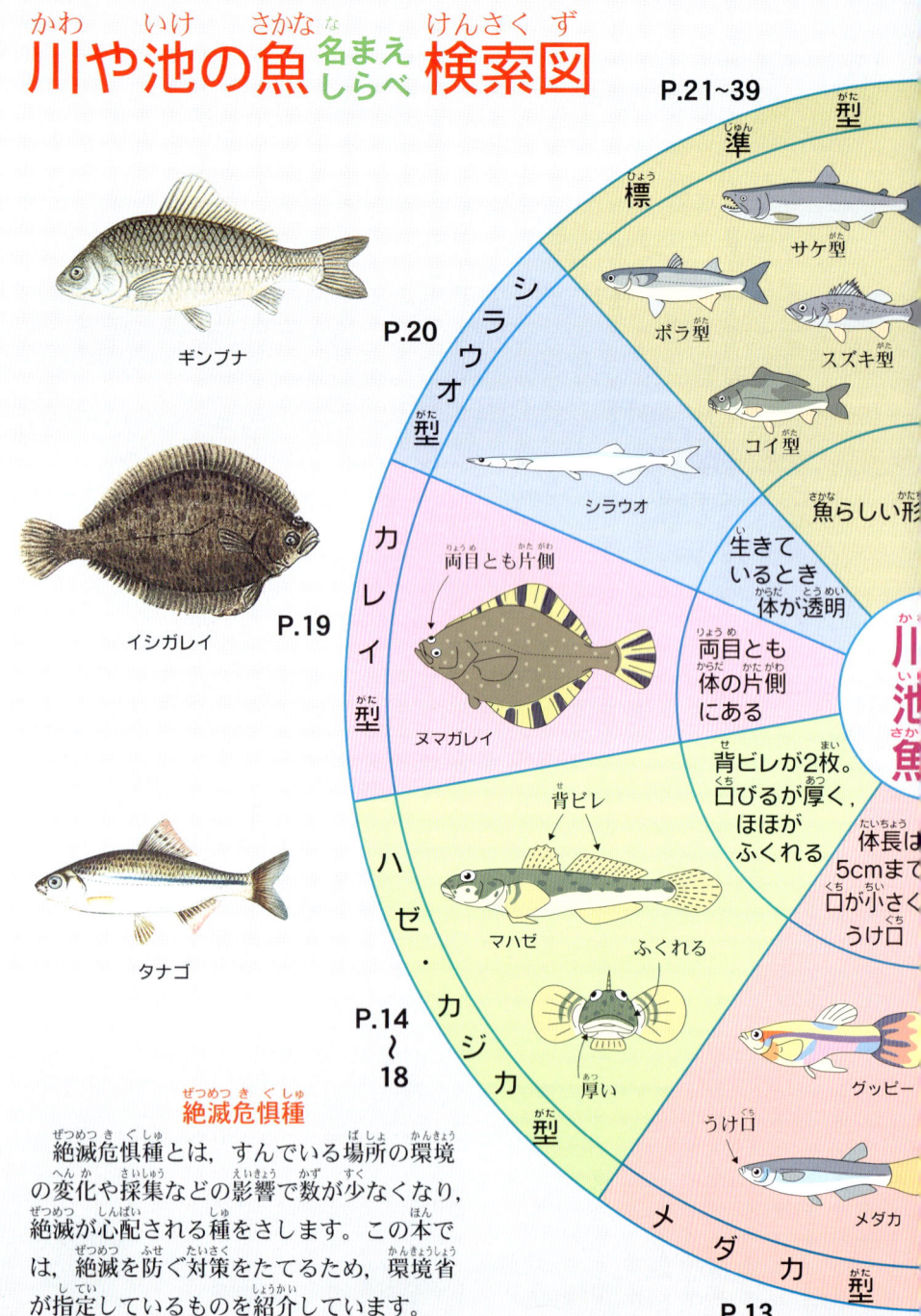

絶滅危惧種

絶滅危惧種とは、すんでいる場所の環境の変化や採集などの影響で数が少なくなり、絶滅が心配される種をさします。この本では、絶滅を防ぐ対策をたてるため、環境省が指定しているものを紹介しています。

どのグループとにているかよく観察して、当てはまるページをひらいてみよう。

・体の各部分のよび方は、P.54にイラストで示しています。

この検索図は、とらえやすい特徴をもつグループから順に、時計回りにならべています。調べようとする魚の形をよく観察して、時計の12時の位置から右回りに進んでください。

「標準型」に当てはまるときは、p.21の検索図へ進んでください。

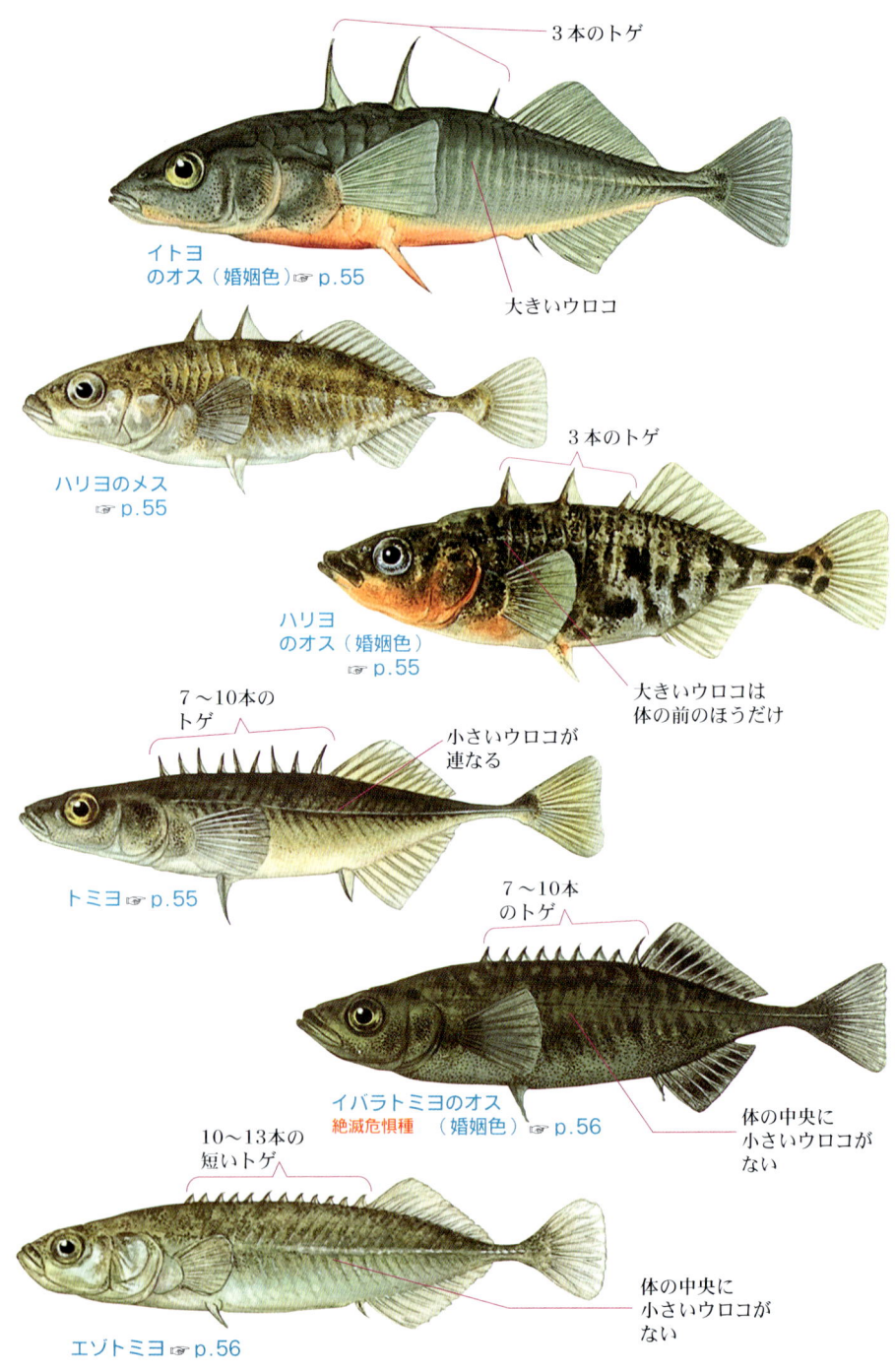

ウナギ・ドジョウ型　体が細長い　　ウナギ型　ヒゲがない

ウナギ ☞ p.56

オオウナギ ☞ p.57
まだらのもよう

鼻のあなは1つ
7個のエラあな
スナヤツメ ☞ p.57
絶滅危惧種
胸ビレはない
産卵期のオスだけにみられる

鼻のあなは1つ
7個のエラあな
カワヤツメ ☞ p.57
胸ビレはない
20cmほどまでの個体は体が銀白色

目が小さい
タウナギ ☞ p.58
胸ビレはない
背ビレはほとんどない
尻ビレはほとんどない

コブのようにもり上がる
ミミズハゼ ☞ p.58
腹ビレは小さい吸盤

ウナギ・ドジョウ型　体が細長い　　　ドジョウ型　ヒゲがある

線はない
口ヒゲは10本
ドジョウ ☞ p.58

線がある
口ヒゲは6本
シマドジョウ ☞ p.59
やや透きとおった白色

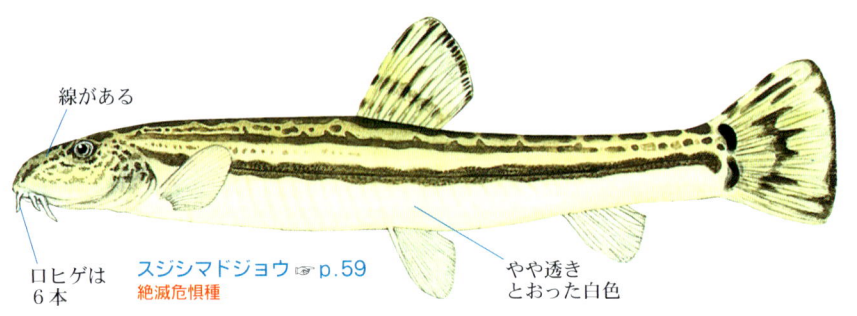

線がある
口ヒゲは6本
スジシマドジョウ ☞ p.59
絶滅危惧種
やや透きとおった白色

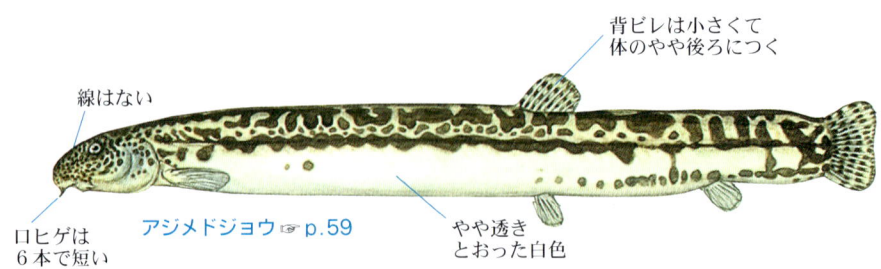

線はない
口ヒゲは6本で短い
アジメドジョウ ☞ p.59
背ビレは小さくて体のやや後ろにつく
やや透きとおった白色

ウナギ・ドジョウ型　体が細長い　　　ドジョウ型　ヒゲがある

あまり丸くない

フクドジョウのオス ☞ p.59

口ヒゲは6本

ホトケドジョウ ☞ p.60
絶滅危惧種

口ヒゲは8本

頭が幅広で平たいホトケドジョウ

口ヒゲは6本

アユモドキ ☞ p.60
国の天然記念物
国内希少野生動植物種
絶滅危惧種

切れこむ

横じまのもようが目だつ
アユモドキの幼魚

ナマズ・ギギ型
ヒゲがある。腹が大きくふくれる

ナマズ型
ヒゲが4本。背ビレが小さい

ナマズ ☞ p.60

6本のヒゲをもつナマズの幼魚

ビワコオオナマズ ☞ p.61

細くて短い

腹はまっ白

尾ビレの上のほうは長い

地震とナマズ

　昔は、地下で巨大なナマズがあばれて地震がおこると信じられていました。もちろん、それはまったくの迷信ですが、地震の前にナマズがさわぐなど、異常な行動をくわしく書いた江戸時代の記録がたくさん残っています。

　また、1995年の阪神・淡路大震災では、地震の発生前に動物たちに異常な行動がみられたそうです。現在、それらを解明するさまざまな研究がなされています。

　ナマズは電気を感じる能力がほかの魚の100万倍もあるといわれます。ですから、地震の前に地下から発生する電磁波を、ナマズはいちはやく感じとることができるのではないかと考えられます。

　地震の予知にナマズを利用する日がやってくるかもしれません。

ナマズ・ギギ型　ヒゲがある。腹が大きくふくれる　　ギギ型　ヒゲが8本。脂ビレがある

ギギ ☞ p.61
- やや緑色ががった体色
- 深く切れこむ

ギバチ ☞ p.62
絶滅危惧種
- 切れこみが浅い

ネコギギ ☞ p.62
国の天然記念物
絶滅危惧種
- こげ茶色の大きいもよう
- 切れこみはやや深い

チャネルキャットフィッシュ ☞ p.62　アメリカナマズともよばれ，食用として日本にもちこまれた

アカザ ☞ p.62
絶滅危惧種
- 上からは2つのこぶにみえる
- 赤っぽい体色
- まったく切れこまない

ライギョ型　体に大きいもよう。ヒレが長い

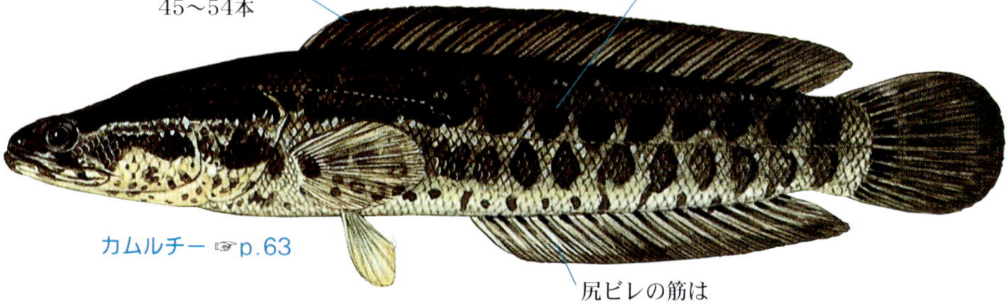

背ビレの筋は 45〜54本
大きいもよう
カムルチー ☞p.63
尻ビレの筋は 31〜35本

背ビレの筋は 40〜44本
やや細かいもよう
タイワンドジョウ ☞p.63
尻ビレの筋は 26〜29本

「雷魚」のよび名でよく知られたカムルチーの頭は，ヘビとにている

メダカ型　体長は5cmまで。口が小さく，うけ口

尾ビレがまっすぐに切れる
尻ビレのつけ根が長い

メダカ ☞ p.64
絶滅危惧種
（左）尻ビレが四角いオス，（右）卵をぶら下げたメス

尾ビレの外側が円い
とがった尻ビレ
尻ビレのつけ根は短い

カダヤシ ☞ p.64　（左）とがった尻ビレで交尾するオス，（右）卵ではなく，直接に子どもを産むメス

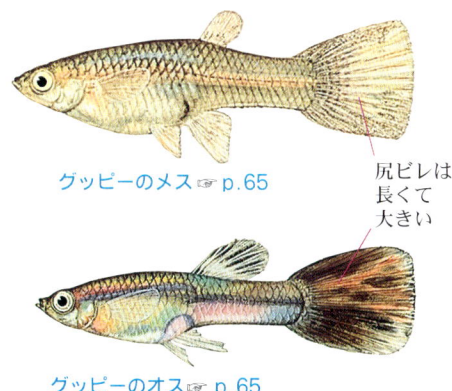

グッピーのメス ☞ p.65
尻ビレは長くて大きい
グッピーのオス ☞ p.65

ヒメダカ ☞ p.64　観賞のために品種改良された

ハゼ・カジカ型　背ビレが2枚。口びるが厚く,ほほがふくれる

ハゼ・カジカ型　背ビレが2枚。口びるが厚く，ほほがふくれる

トウヨシノボリ ☞p.67　尾ビレのつけ根がオレンジ色（橙色［とうしょく］）

ハゼ・カジカ型　背ビレが2枚。口びるが厚く，ほほがふくれる

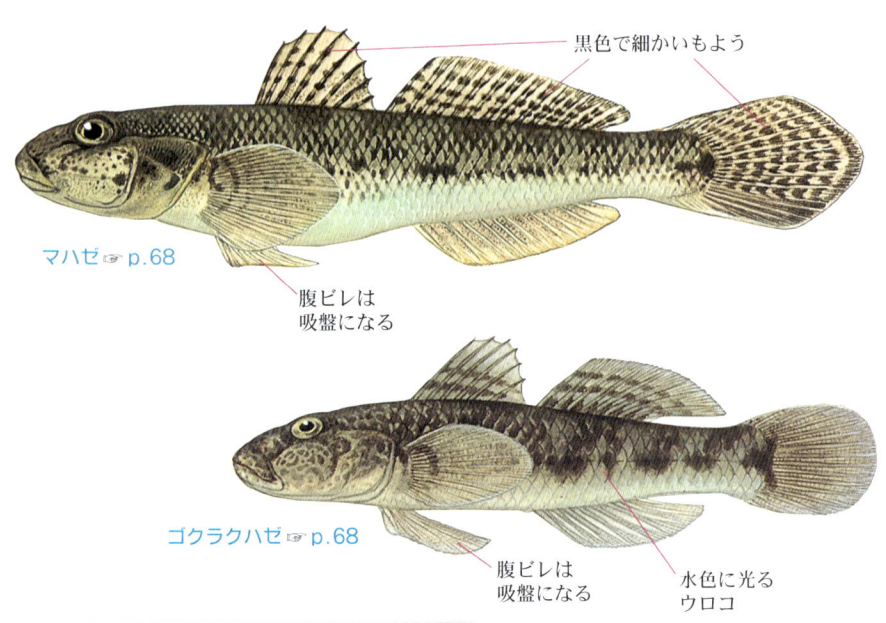

黒色で細かいもよう

マハゼ ☞ p.68

腹ビレは吸盤になる

ゴクラクハゼ ☞ p.68

腹ビレは吸盤になる

水色に光るウロコ

下あごの先が上あごよりやや後ろにある

◀アベハゼ ☞ p.68
水のよごれに強い

第1背ビレの前は黒い

ゴマハゼ ☞ p.69
魚のなかでは最も小さい。全長はわずか2cmほど

ハゼ・カジカ型　背ビレが2枚。口びるが厚く、ほほがふくれる

- ヌマチチブ ☞ p.69 — 青みをおびた白点／腹ビレは吸盤になる
- ウキゴリ（淡水型）☞ p.70 — 口が大きい／黒色のもよう／白色のもよう／腹ビレは吸盤になる
- ビリンゴ ☞ p.70 — 黒色のもよう／細い／腹ビレは吸盤になる
- イサザ ☞ p.70 — 黒色のもよう／細い／うすいあめ色／腹ビレは吸盤になる
- シモフリシマハゼ ☞ p.69　鼻先から尾ビレのつけ根にかけて走る2本の線が目だつ

ハゼ・カジカ型　背ビレが2枚。口びるが厚く，ほほがふくれる

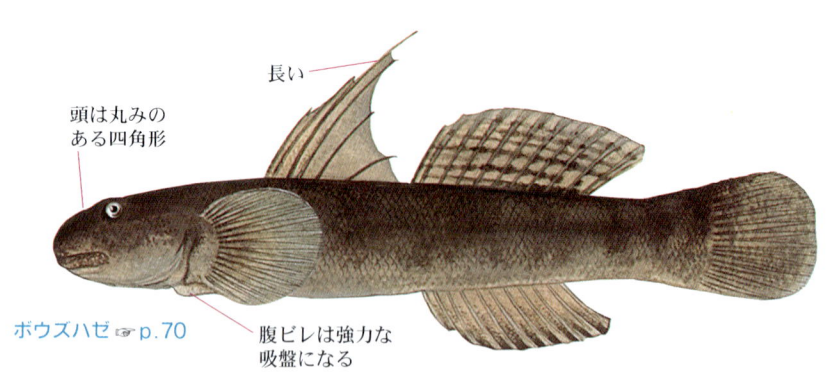

長い
頭は丸みのある四角形
ボウズハゼ ☞ p.70
腹ビレは強力な吸盤になる

◀ 口と腹の吸盤で，岩に吸いついてはい上がるボウズハゼ

とび出した目
腕のような胸ビレ

▶ トビハゼ ☞ p.71
干潟にはい上がり，空気呼吸をする

カレイ型 両目とも体の片側にある

全体にザラザラした突起

幅広で黒色の筋

ヌマガレイ ☞ p.71

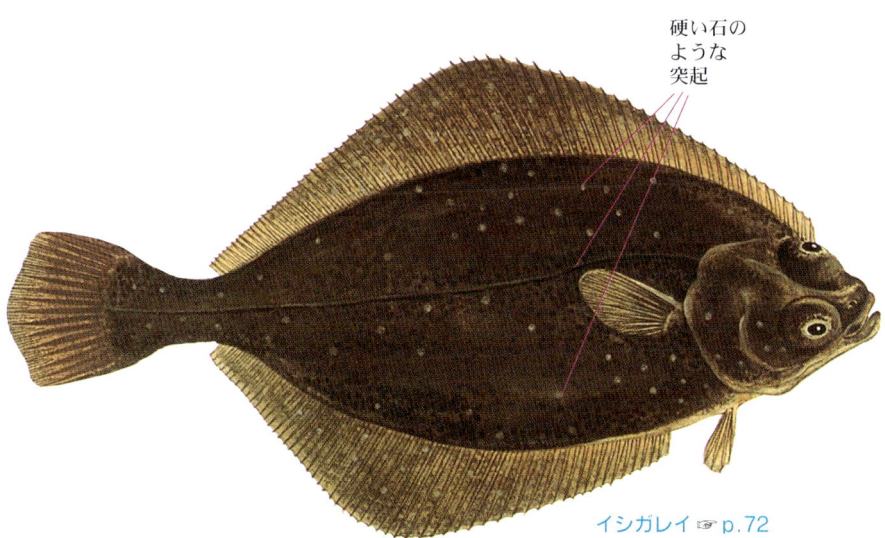

硬い石のような突起

イシガレイ ☞ p.72

シラウオ型　生きているとき体が透明

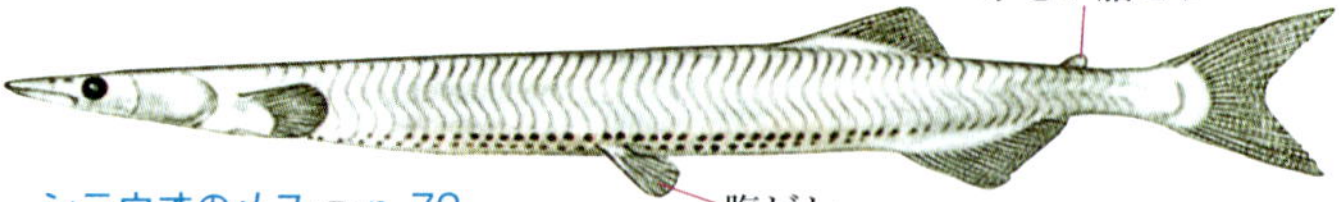

シラウオのメス ☞ p.72　小さい脂ビレ　腹ビレ

シラウオのオス ☞ p.72　小さい脂ビレ　腹ビレ　オスだけにウロコがある

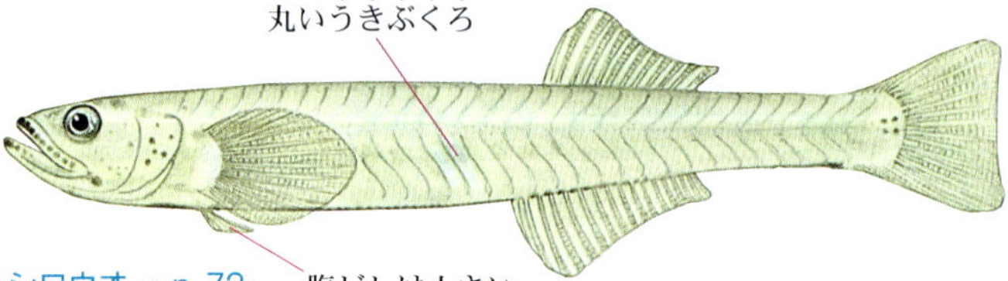

シロウオ ☞ p.72　丸いうきぶくろ　腹ビレは小さい吸盤になる

うきぶくろ

体内のうきぶくろがはっきりみえるシロウオ

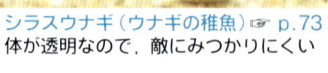

シラスウナギ（ウナギの稚魚）☞ p.73
体が透明なので，敵にみつかりにくい

▶
シラスアユ（アユの稚魚）☞ p.73
海で生活するころは，体が透明

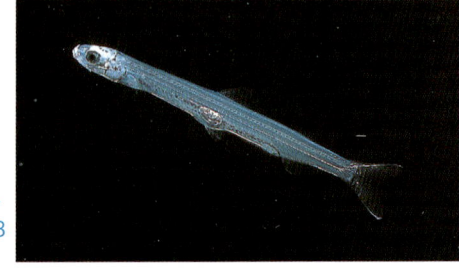

20

標準型

標準型の検索図

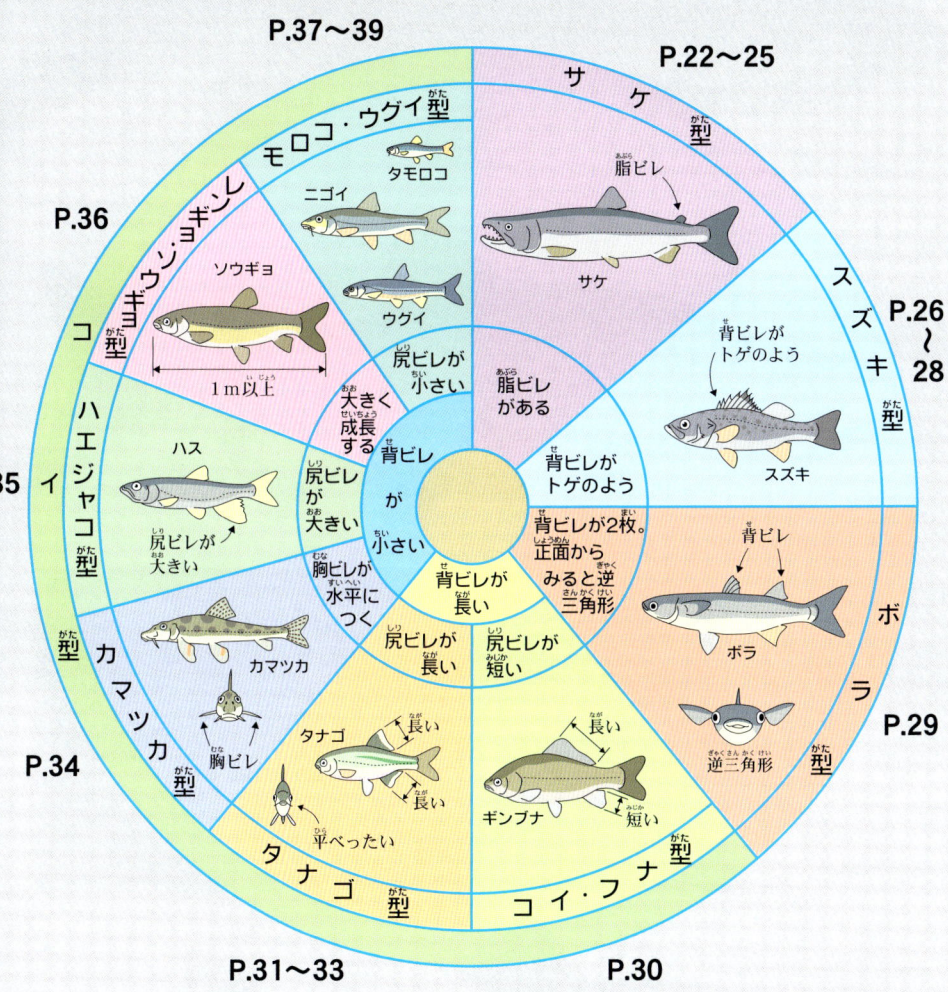

　総合検索図とおなじように、12時の位置から時計回りに進んでください。「標準型」のグループに当てはまる魚はどれもよくにていて、なかなかみわけがむずかしいので、水そうに入れたり手にとったりして、よく観察してください。ヒレの形や大きさ、またつき方などを調べると、きっと名まえがわかるでしょう。

標準型　サケ型　脂ビレがある

全体に黒点がある

イトウ ☞ p.73
絶滅危惧種

口はたいへん大きい

メスの口先は曲がらない

サケのオス（婚姻色）☞ p.74

パーマークが目だつサケの幼魚。このころ海に下る

ピンク色の線

ニジマス ☞ p.74

標準型 サケ型　脂ビレがある

朱点がない

ヤマメ ☞ p.74

メスの口先は曲がらない

サクラマスのオス（婚姻色）☞ p.75

朱点がある

アマゴ ☞ p.75

サツキマス ☞ p.75　海へ下り成長して川に上るアマゴのことをいう

標準型　サケ型　脂ビレがある

ニッコウイワナ☞p.75　昆虫や小魚，さらにカエルやヘビまでも食べるほどどう猛なイワナの1種

多くの白点がある

アメマス☞p.76
白っぽくて大きい水玉もよう

ゴギ☞p.76
頭にも白点がある

オショロコマ☞p.76
白点
赤点

川のようすは場所によってさまざまですが、そこにすむ魚たちもまたさまざまです。たとえば、水が冷たく、流れの速いところを好むイワナやヤマメは「上流」にすみ、水が温かく、流れのゆるやかなところを好むコイやフナは「下流」にすむというように、それぞれが生活しやすい場所を選んでいます。つまり、川や池の環境がさまざまであればあるほど、より多くの種類の魚がくらすことができるのです。

みなさんの身近には、どのような環境がありますか？そして、そこにはどんな魚がくらしていますか？

上流

岩のあいだをいきおいよく水が流れる上流

川は、大きく上流、中流、下流、河口に分けられます。

上流では、大きい岩のあいだを、冷たくてきれいな水がいきおいよく流れています。イワナやヤマメなど、冷たい水を好む魚がくらしています。

中流

くねくねと蛇行する中流

中流では、川はくねくねと曲がって流れ(蛇行)、浅い「瀬」と、深い「淵」があらわれます。川底は、小石や砂で、上流にくらべてエサが多く、魚の種類がふえてきます。アユ、オイカワ、ウグイなどがみられます。

下流になると、川はゆったりと流れ、細かい砂やドロの底になります。土砂がたまってできた「砂州」には、「わんど」とよばれる池もみられます。下流はエサが多いので、コイのなかまを中心に、たいへん多くの種類がくらしています。

下流

たくさんのわんどがならぶ淀川（大阪府）の下流

河口は、海の潮の満ち干によって水面の高さがかわったり、塩分がまじったりします。引き潮のときあらわれる「干潟」には、エサになる生き物がたくさんいるので、これをねらって、マハゼやスズキなど、海の魚が上ってきます。

河口

潮が引いてすがたをあらわした河口の干潟

長い歴史をもつ日本最大の湖，琵琶湖

広くて遠浅の伊豆沼（宮城県）

水質の悪化が進むダム湖

 湖は，大きさや深さ，またできた時代などによって，みられる魚がちがってきます。長い歴史をもち「古代湖」とよばれる琵琶湖は，ビワコオオナマズなど，琵琶湖にしかいない魚がくらしています。沼や湿地は，湖が長い年月とともにだんだん浅くなったものです。ダム湖は，栄養分がたまって，水質が悪くなりがちです。

 わき水は，山のふもとでよくみられます。すきとおって冷たい水は，1年中，水温が一定で，この水を好むハリヨやホトケドジョウなどがくらしています。水田は，エサになるプランクトンが多く，メダカやドジョウなどがみられます。用水路は，川やため池と水田をつないでいて，コイやナマズなどが，卵を産むために行き来します。ため池は，水田とおなじようにエサのプランクトンが多く，水草がよくしげります。モロコやタナゴなど，身近な小魚がみられます。

すきとおって冷たいわき水

川や池と水田をつなぐ用水路

水草がしげったため池

魚のくらし

子孫を残す ＝卵を産んで育てる＝

フナやメダカのように、卵を水草に産みつけたり、アユやサケのように川底の砂にうめたり、カマツカやソウギョのように水面にばらまいたりと、卵の産み方はさまざまです。多くの場合、産みっぱなしにするので、死んだり食べられたりして、ほとんどが育ちません。ですから、数多く産む必要があります。

しかし、ハゼやトゲウオのなかまのように親が巣をつくったり、ティラピアのなかまのように口のなかに卵や子を入れたりして世話をする種類もあります。また、ほかの生き物にあずける、少しずるい魚もいます。ムギツクは、ほかの魚に卵をあずけ、タナゴのなかまは貝にあずけます。これらの魚たちが産む卵の数は、少しですみます。

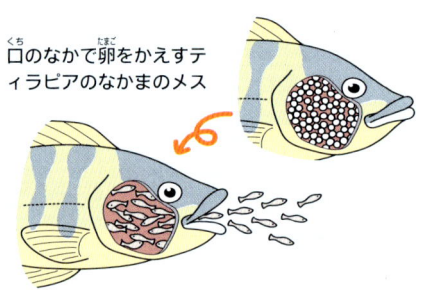

口のなかで卵をかえすティラピアのなかまのメス

①口のなかで育てる
ティラピアのなかま・タウナギ

メスは産んだ卵を、口にくわえて守ります。卵からかえった稚魚が成長して、一人前にエサがとれるようになるまで、世話をつづけます。タウナギはオスが育てます。

②巣をつくって育てる
トゲウオのなかま

トミヨのオスは、腹から出るネバネバした液で水草をかためて、鳥の巣のような巣をつくります。メスは巣のなかで卵を産みます。オスが卵を守り、胸ビレをはげしくふるわせて、新しい水を巣のなかに送ります。卵がかえったあとも、しばらくは世話をつづけます。

巣を守るトミヨのオス

ハゼやカジカのなかま

ヨシノボリのオスは、石の下などに巣をつくり、メスは石の裏にぶら下げるように卵を産みます。守り育てるようすは、トゲウオとよくにています。

卵を守るヨシノボリのオス

③貝に卵をあずける
タナゴのなかま

イタセンパラのメスは「産卵管」という管を、イシガイやドブガイなどの二枚貝にさしこみ、貝のエラに卵を産みつけます。オスの精子は、貝にすいこまれて受精します。生まれた仔魚は、貝の栄養をうばうことなく、硬い貝がらに守られて育ちます。

④ほかの魚に卵をあずける
ムギツク

ムギツクは、ドンコの巣に群でおし寄せて卵を産んでにげます。ドンコは自分の卵といっしょにムギツクの卵を守ります。このように、卵をあずけることを「托卵」といいます。オヤニラミ、ヌマチチブ、ギギなどにも托卵します。

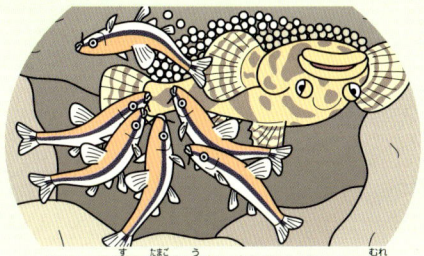

ドンコの巣に卵を産みつけるムギツクの群

▲ドブガイに産卵管をさしこもうとねらいをさだめるイタセンパラのメス（左）と横でみまもるオス（右）

貝のエラで育つ仔魚

＝直接，仔魚（子ども）を産む＝

ほとんどの魚は卵を産みますが、カダヤシのように、直接、子どもを産む魚もいます。子どもは、わたしたちほ乳類のように母親の体とつながって栄養をもらっているのではなく、母親の腹のなかで卵がかえって生まれてくるのです。卵から生まれることを「卵生」、赤ちゃんで生まれることを「胎生」といいますが、カダヤシのような産み方は「卵胎生」といいます。

カダヤシ

カダヤシのオスは、尻ビレを使ってメスの体のなかに精子を送りこみます。

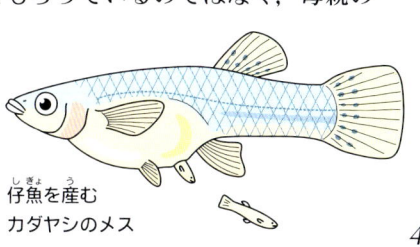

仔魚を産むカダヤシのメス

エサをとる

魚は、なにを食べているのでしょうか。稚魚のころ、ほとんどの魚はプランクトンを食べています。

成魚になると、それぞれの種類によって、自分が好むものを食べるようになります。

①貝がらをくだく

釣り上げたコイとその咽頭歯（右上）

魚ののどのおくには、咽頭歯という歯があります。コイはとくにじょうぶで、タニシなどの貝をかみくだいて食べます。その強さは、コインを曲げてしまうほどです。

②プランクトンをこしとる

フナのエラにあるフィルターのようなさいは

魚のエラには、フィルターの役目をするさいはといわれるものがあります。ゲンゴロウブナのさいははたいへん細かく、プランクトンをこしとって食べます。

③砂のなかをさがす

砂をすいこみながら、エサをさがすカマツカ

カマツカは、エサをとるとき、口をとがらせ、少しずつ前に進みながら、そうじ機のように砂をすいこみます。そして、砂のなかのエサだけをのみこんで、砂はエラあなからはき出します。

④エサのなわばりをつくる

アユの習性を利用した友釣り

アユは、石の表面の藻類を食べます。ほかのアユに食べられないように「なわばり」をつくり、近づくアユをはげしく攻撃します。「アユの友釣り」は、この習性を利用したものです。

身を守る

魚は，いつもエサを求めていますが，自分たちも，つねに，なに者かにねらわれて食べられてしまう危険性があります。弱い者が強い者に食べられる「弱肉強食」の世界といえます。

食べるためのくふうとおなじように，できるだけ食べられないように，いろいろとくふうして身を守っています。

①群れる

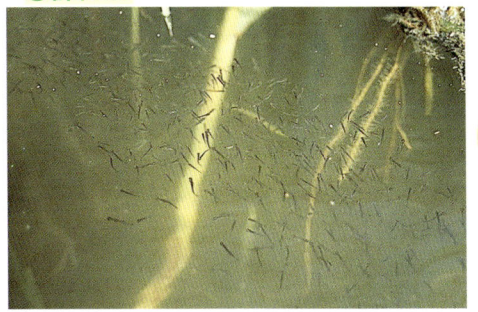

稚魚や小型の魚の群

稚魚や小型で弱い魚は，群をつくります。たくさん集まることで，敵をすばやくみつけたり，自分が食べられる確率を低くすることができます。

②かくれる

砂にもぐってかくれるカマツカ

カマツカの体の色は，敵にみつからないように，砂の色とそっくりです。これを「保護色」といいます。また，危険を感じると，さっと砂にもぐってかくれ，目だけを出しています。

魚を飼育して，くらしぶりを観察しよう

採集した魚を飼育してみよう。うまく飼育すると，魚の生活がよくわかる。飼育の方法をあやまると，魚をころしてしまうことになる。下に示したコツを守ろう!!

・１つの水そうに，多くの魚を入れたり，大・小の魚をいっしょに入れない。
・酸素不足をさけるため，広口の水そうを用い，できるだけエアーポンプを使う。
・水そうの底に砂をしき，水草を植える。
・水道水を使うときは，２～３日間，くみ置きするか，市販のカルキぬきを入れる。
・よく食べるエサを選び，すぐに食べてしまう量を，１日に，数回あたえる。
・水かえは，半分ずつおこなう。

魚をおちつかせるため，水そうの３面にシートをはるとよい

魚を採集して，調べよう

　橋や桟橋の上から，泳ぐ魚をながめたことはありませんか。長いあいだながめていてもあきないほど，魚の観察は楽しいものです。

　そして，身近に飼育してくわしく調べるために，とらえてみたくなります。魚を採集する方法のうち，いくつかを紹介します。

桟橋の上から水のなかをのぞきこむ子どもたち

大人といっしょに，釣りを楽しむ子どもたち

　釣りは，魚をいためることなく，楽しみながら採集することができます。

▼ **たもあみ**

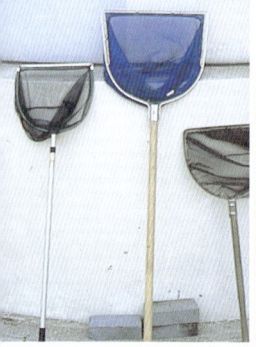

　たもあみは，あみで追うのではなく，足を使ってあみのなかに魚を追いこみます。あみの先が平たいものが使いやすいでしょう。

◀ **もんどり**

▼ **四つ手あみ**

　にごった水にすむモロコやタナゴのなかまがエサをさがすときは，においをかぐ力がたよりです。魚が好むサナギ粉などのエサをしかけたもんどりは，それをうまく利用した方法です。

　四つ手あみは，魚を追いこむ方法のほかに，エサを入れて，魚が集まったころ引き上げる方法もあります。

注意：魚をとってはいけない場所や時期，漁具があるので，よく調べてから採集しましょう！

漁業や調査でのとらえ方

日本では，古くから，魚はたいせつな食料でした。そのため，各地にさまざまな漁法が伝わっています。

最近では，魚の調査の方法として用いられているものもあります。
いくつか紹介してみましょう。

とあみ

ちびきあみ

とあみは，重りがついたあみを投げて広げ，魚をとりかこみます。
地びきあみは，沖へ入れた大きなあみの両はしを，岸から引き上げます。

しばづけ

しばづけは，小枝をたばねてつけておきます。かくれがとして集まった小魚やエビを，枝ごと引き上げます。

やなは，アユのように，季節によって上流と下流を移動する魚をとらえる方法です。
やな場

―― たいせつにもち帰る ――

魚は，水中の酸素が少なくなると，すぐに弱ります。とくに，夏場は気をつけましょう。けいたい用エアーポンプがあると便利です。魚の数も，あまりよくばらないように。

・採集の日時，場所，気づいたことなどをメモしておき，魚の研究に役立てよう。

採集は絶対に1人で行かないこと！かならず，大人の人と出かけましょう！

川や池の魚があぶない

日本では、およそ300種類の淡水魚がくらしています。しかし、いま、そのうちの約4分の1に当たる80種類ほどが、すがたを消そうとしています。

どうして、このような残念なことになったのでしょうか。淡水魚がくらす川や池で、なにがおきているのでしょうか。

川や水田の工事

＝開発後＝　　　＝開発前＝

上のイラストは、右半分が開発前、左半分が開発後のようすを表しています。

開発前の川や水田には、多くの魚がくらしており、わたしたちにも身近な存在でした。しかし、洪水の心配が少ない川や、能率よく農作業ができる水田などをめざして開発工事がなされた結果、魚がくらしていける環境が失われてしまいました。川で、自然や魚とふれあうことが少なくなり、整備された公園で遊ぶことが多くなりました。

水かさや流れをコントロールするせき

公園として整備された河川じき

コンクリートでかためられた用水路

水のよごれとゴミ問題

日本の川の多くは,開発が急速に進められていた数10年前,もっともよごれていました。現在の川は,そのころにくらべると,少しずつよくなっています。それは,川の環境を少しでもよくしようという,みんなの努力の結果です。

しかし,残念ながら,岸に流れつくゴミはまだまだ多く,マナーを守れない人も少なくありません。

あわ立つ川

岸に流れついたゴミの山

外来種の影響

オオクチバスやブルーギルなど,外国からもちこまれた魚(外来種)が異常に増え,昔から日本にいた種類の多くがへってしまいました。また,大阪府を流れる淀川のわんどでは,アフリカ原産のウォーターレタスという水草が水面をおおい,水中の酸素が不足しています。

このように,外来種が,それまで日本にいた種類を追いやってしまう例はたくさんあり,大問題になっています。しかし,悪者あつかいされる外来種をもちこんだのは,わたしたち人間です。

▶わんどをおおいつくし
▼たウォーターレタス

ブルーギル(上)とオオクチバス(下)

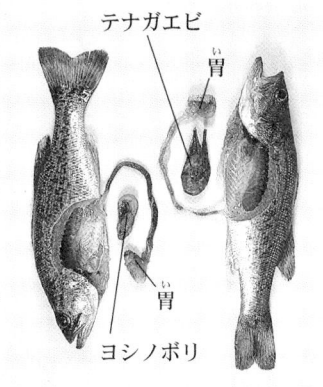

▲オオクチバスは,大きな口で小魚などを丸のみにする。ハゼやエビのなかまが大好物▶

テナガエビ
胃
胃
ヨシノボリ

魚がくらせる環境をとりもどそう

最近、魚たちにとってくらしやすい環境をとりもどそうと、各地でさまざまなとり組みがおこなわれています。

新たにわんどをつくったり、魚が移動できるように魚道をつくったりしています。しかし、なかなか思ったような成果は出ていません。

1度失った自然をもとにもどすのはたいへんむずかしく、たいせつなのは、現在残っている自然を守ることです。

▲ 魚がくらせる環境をとりもどすため、人工的につくったわんど（大阪府・淀川）

用水路から水田へと魚をみちびく魚道

日本の川や池の魚のなかには、絶滅が心配されているものがいます。とくにその危険性の高い種は、「天然記念物」（文化庁）や「国内希少野生動植物種」（環境省）などに指定され、法律によってとらえることや飼うことが禁じられています。

イタセンパラはその1種ですが、生息地の大阪府を流れる淀川では、ビラや立て札によって保護をよびかけています。

イタセンパラの保護をよびかけるビラや立て札

魚の体のつくりとはたらき

魚の体は、水のなかで生活しやすいつくりとはたらきをもっています。
水のなかは、陸上にくらべて目がききにくいので、においをかぐ鼻や、音を聞いたり水の動きを感じたりする側線のはたらきがたいせつです。

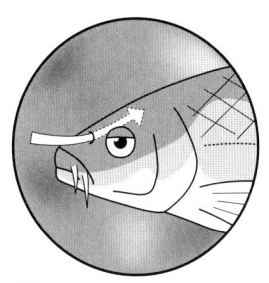

水がにごったところでは、目がきかないので、鼻でかぐ力がたよりです。

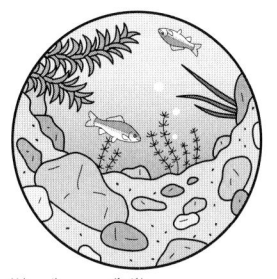

魚の目は、「魚眼」とよばれ、この図のように片側でほぼ180°をみわたすことができます。

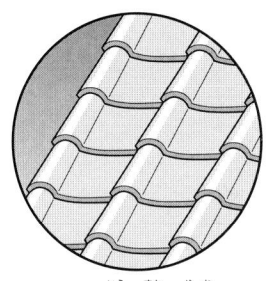

ウロコは、家を守る屋根がわらの役わりとおなじように、魚の体を守っています。

フナのかいぼう図

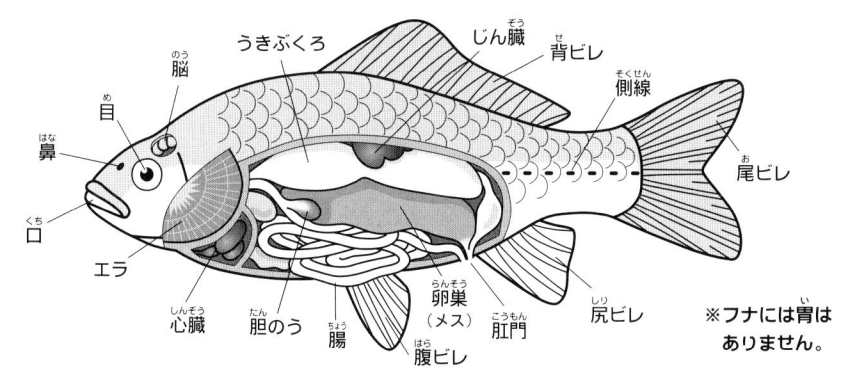

脳・うきぶくろ・じん臓・背ビレ・側線・尾ビレ・目・鼻・口・エラ・心臓・胆のう・腸・腹ビレ・卵巣（メス）・肛門・尻ビレ

※フナには胃はありません。

ヒレのはたらきは、人間の手や足とおなじように運動することです。

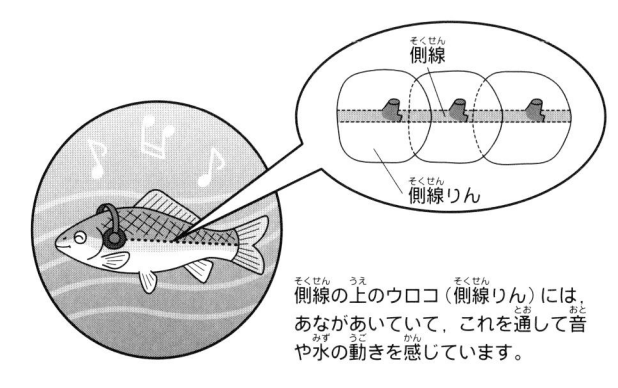

側線・側線りん

側線の上のウロコ（側線りん）には、あながあいていて、これを通して音や水の動きを感じています。

魚の体の特徴と大きさの表し方

下のイラストは，魚の体の各部分のよび方や大きさの表し方を示しています。それぞれの魚の説明文の参考にしてください。

各部分のよび方

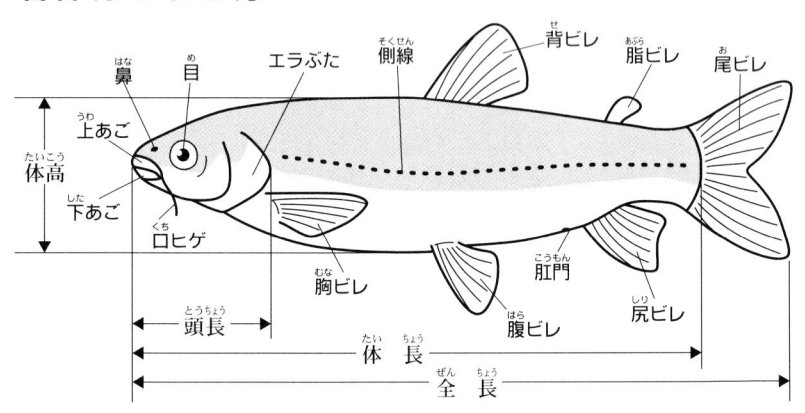

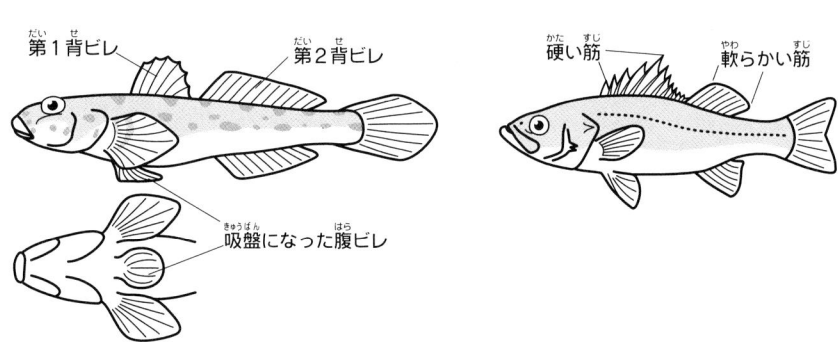

鼻、目、エラぶた、側線、背ビレ、脂ビレ、尾ビレ、上あご、下あご、口ヒゲ、胸ビレ、腹ビレ、肛門、尻ビレ

体高、頭長、体長、全長

第1背ビレ、第2背ビレ、硬い筋、軟らかい筋、吸盤になった腹ビレ

たてじまと横じま

わたしたち人間とおなじように，頭を上にして，たてと横がきめられています。

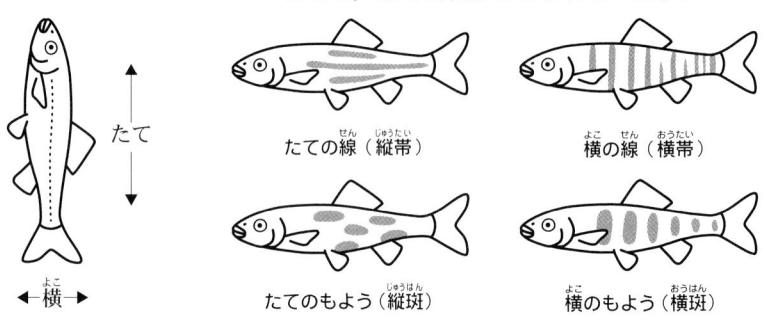

たて、横

たての線（縦帯）　　横の線（横帯）

たてのもよう（縦斑）　　横のもよう（横斑）

トゲウオ型 (p.6)
背中と腹にトゲがある

イトヨ（トゲウオ科）p.6
　背ビレの前に3本のトゲがある。わき水のある水路や湖沼で一生をすごす「陸封型」と、ふだんは海でくらし、春に産卵のために川を上り、生まれた幼魚が成長して春〜秋に海に下る「降海型」がある。陸封型の全長は6cmほど、降海型は9cmほど。どちらも、4〜5月の産卵期に、オスが水底に浅いくぼみをほって水草などで巣をつくり、メスをさそい入れて産卵させる。オスが卵や稚魚を守る。

ハリヨ（トゲウオ科）p.6
　全長は5〜7cm。背ビレの前に3本のトゲがある。1年をとおして水温が20℃以下のわき水があり、水草が生えた水路や池、川などでくらす。産卵期は3〜5月だが、わき水が多い池では水温がほとんど変化しないため、1年中産卵する。産卵のようすはイトヨとほぼおなじ。

トミヨ（トゲウオ科）p.6
　全長は5cmほど。背ビレの前に7〜10本のトゲがある。わき水のある池や、そこから流れ出る小川などでくらす。3〜7月の産卵期に、オスの体は黒っぽくかわる（婚姻色）。オスが、植物のくずなどを用いて水草の枝にゴルフボールほどの大きさの巣をつ

魚の説明

イトヨ：よろいのような大きいウロコ(鱗板)が、尾ビレのつけ根までである。

ハリヨ：よろいのような大きいウロコは、体の前のほうだけしかない。

トミヨ：体側の中央にそって連続した小さいウロコが、尾ビレのつけ根までならぶ。

婚姻色：動物の繁殖期にあらわれる体色。ふつうはオスにみられる。

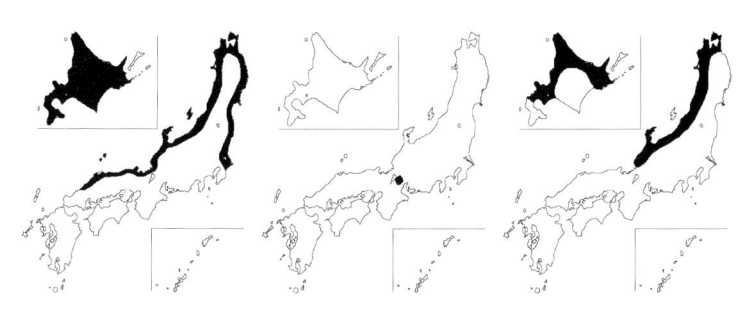

　黒くぬってある部分は、それぞれの魚がくらしている地域です。
　分布は、調査報告や資料、各種の図鑑、また聞きとりなどをもとに示しています。

イトヨ　　　ハリヨ　　　トミヨ

イバラトミヨ：体側にウロコがまったくないか、あっても胸のあたりか、尾ビレのつけ根に少しみられるだけ。埼玉県には近似種のムサシトミヨがみられる。

エゾトミヨ：体側の胸と尾ビレのつけ根に、小さいウロコが少しある。

ウナギ：産卵場所は、日本のはるか南の太平洋の深海といわれる。

くり、メスをさそい入れて産卵させる。オスが卵や稚魚を守る。

イバラトミヨ（トゲウオ科）p.6
全長は5cmほど。背ビレの前に7～10本のトゲがある。トミヨとよくにているが、ウロコのようすが異なる。わき水のある池や、そこから流れる小川などでくらすが、海水が少しまじるところでもみられる。3～7月の産卵期に、オスの体は黒っぽくかわる。産卵のようすは、トミヨのなかまとおなじ。

エゾトミヨ（トゲウオ科）p.6
全長は6cmほど。北海道だけでみられる。背ビレの前に10～13本の短いトゲがある。ゆるやかに流れる水路や小川、湖沼などでくらす。4～7月の産卵期に、オスの体は黒っぽくかわる。産卵のようすは、トミヨのなかまとおなじ。

ウナギ・ドジョウ型 （p.7～9）
体が細長い

ウナギ型 （p.7）　ヒゲがない

ウナギ（ウナギ科）p.7
体は長いつつ型で、全長は1mほどに成長する。背中は茶色、黒色、灰色などさまざまで、腹は白色。背中から尾、腹にかけて長いヒレが連なる。上からみると、首の左右にある円形の胸ビレが目だつ。河

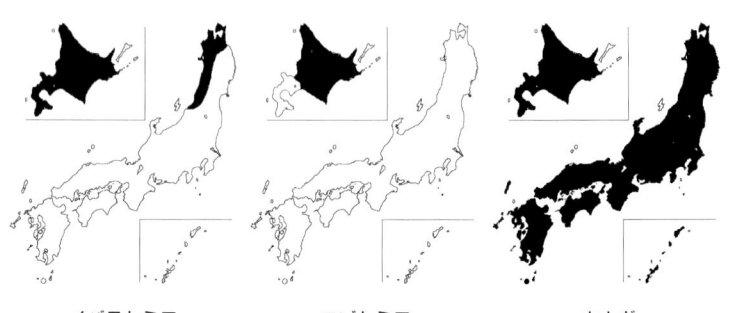

イバラトミヨ　　　エゾトミヨ　　　ウナギ

口から上流まで、また、湖沼や池など、あらゆる場所でくらす。夜行性で、昼間は石のすき間やドロのなかにかくれていることが多い。魚や貝、カニやエビなどをどん欲に食べる。1～3月、体長が6cmほどの透明なウナギの稚魚（シラスウナギ）が海から川を上る(p.73)。

オオウナギ（ウナギ科）p.7

大きいウナギをさすのではなく、まったく別の種類。全長は2m以上に成長し、太さも直径10数cmになる。形はほとんどウナギとおなじだが、背中は茶かっ色でまだらにもようがある。川の中流や湖などでくらし、魚や貝、カニやエビなどをどん欲に食べる。

オオウナギ：沖縄諸島や奄美諸島では、ウナギより多くみられる。

スナヤツメ（ヤツメウナギ科）p.7

全長は20cmほど。目の後ろに7個のエラあながあり、目の数と合わせて「八つ目ウナギ」とよばれる。体はウナギとにているが、まったく別の種類。首の後ろに、ウナギのような胸ビレはない。口は吸盤になり、石などに吸いつく。幼魚には目がなく、川底のドロにもぐって4年間ほどすごす。成魚になるとエサをとらず、川の中流やわき水が流れる水路などで一生をすごす。4～6月の産卵を終えると死ぬ。

カワヤツメ（ヤツメウナギ科）p.7

全長は50cmほど。目の後ろに、7個のエラあながある。首の後ろに、ウナギのような胸ビレはない。川で生まれて海に下って成長し、ふたたび川に上って産卵する。口は吸盤になり、海ではほかの魚の体

カワヤツメ：初夏に川を上って夏に産卵するグループと、秋に川を上って早春に産卵するグループがある。

オオウナギ　　スナヤツメ　　カワヤツメ

タウナギ：東南アジア原産で、日本にもちこまれた外来種。

から血液やとかした肉を吸いとる。

タウナギ（タウナギ科）p.7

全長は80cmほど。目がたいへん小さい。胸ビレや腹ビレがなく、背ビレ、尾ビレ、尻ビレなどもひだ状で、ヒレがまったくないようにみえる。体は黄かっ色で、全体にこげ茶色の細かい点がある。水田や水路、池などのドロにトンネルをほったり、石のすき間や植物の根のあいだにかくれる。ときどき、水面で空気呼吸をする。オスは、稚魚を口のなかで保育する。成長の途中でメスからオスにかわる。

ミミズハゼ：近似種にイドミミズハゼがいる。。

ミミズハゼ（ハゼ科）p.7

全長は8cmほど。頭は上下に平たく、上からは、2個のコブがもり上がったようにみえる。目は小さい。背ビレは体の後ろのほうにあり、ほぼその下に尻ビレがある。下からみると、2枚の腹ビレが左右にくっついて小さい吸盤になっていることがわかる。川の下流から海の沿岸でくらし、昼間は石の下などにかくれ、夜になると活発に動きだす。

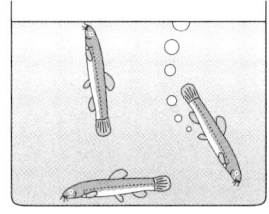

ドジョウの腸呼吸

ドジョウ型 （p.8〜9） ヒゲがある

ドジョウ：エラ以外に腸でも呼吸をするので、ときどき水面まで上がってきて、口から空気を吸い、肛門から二酸化炭素がふくまれているアワを出しながらしずんでいくようすが観察できる。

ドジョウ（ドジョウ科）p.8

全長は13cmほど。口のまわりに10本のヒゲがある。ウロコはたいへん細かい。おもに、平野の水田や水路、小川などのドロの底でくらす。6〜7月、水田や川原に増水でできた水たまりなどで産卵する。冬は、水がなくても湿った土のなかで生きている。

土にもぐり冬眠するドジョウ

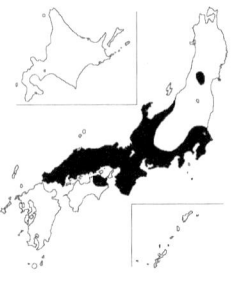

タウナギ　　　　　ミミズハゼ　　　　　ドジョウ

シマドジョウ（ドジョウ科）p.8
　全長は6〜12cm。ドジョウにくらべて体は白くて半透明で、背中や体側にうすい茶〜こげ茶色の大きいもようがある。口のまわりに6本の短いヒゲがある。目の下にトゲがあり、つかむといたい。川の中〜下流の、水がきれいな砂や小石の底でくらす。

スジシマドジョウ（ドジョウ科）p.8
　全長は6〜10cm。シマドジョウとにているが、体側のもようが、首から尾にかけて茶色の線になったり、点線のようにとぎれたりする。目の下にトゲがある。川の中〜下流、水路、湖などの、水がきれいな砂やドロの底でくらす。

アジメドジョウ（ドジョウ科）p.8
　全長は10cmほど。体形はシマドジョウやスジシマドジョウとよくにているが、それらより体が細長く、背ビレが体の中央より後ろについている。また、頭が小さく、目から鼻先にかけて線がないなどの特徴がある。水が冷たい川の上〜中流で、速い流れの小石の底でくらす。ほかのドジョウ類のように小動物は食べず、石についた藻類を食べる。

フクドジョウ（ドジョウ科）p.9
　北海道だけでみられる。全長は20cmほど。ヒゲは6本。オスの背中にはもようがないが、メスの背中にはこげ茶色のもようがある。水がきれいな川や湖沼の、砂や小石の底でくらし、よく水生昆虫を食べる。4〜7月に産卵する。

シマドジョウ：近似種のイシドジョウは川の上流にすむ。

スジシマドジョウ：体側のもようの変異以外にも、尾ビレのもようや、くらす地域や環境によって成魚の大きさにちがいがあり、いくつかのグループに分かれる。九州と山口県には近似種のヤマトシマドジョウがみられる。

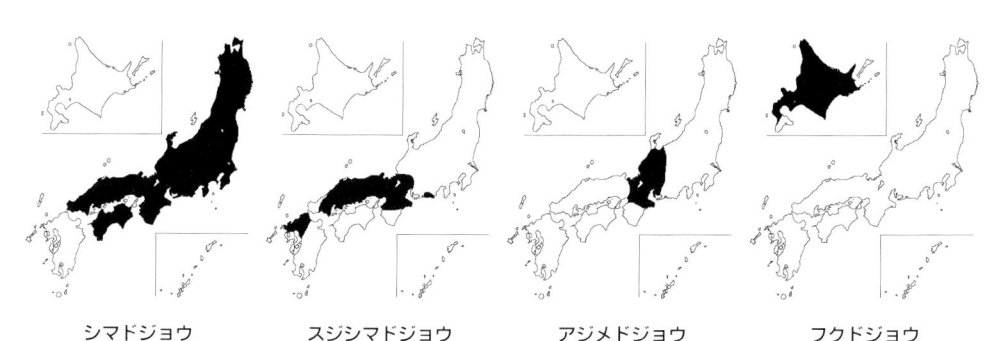

シマドジョウ　　スジシマドジョウ　　アジメドジョウ　　フクドジョウ

ホトケドジョウ：近似種のナガレホトケドジョウは、川の上流でみられる。また、北海道には、エゾホトケドジョウがみられる。

ホトケドジョウ（ドジョウ科）p.9
全長は6cmほど。ヒゲは8本。体は、ほかのドジョウ類とくらべて太短い。とくに頭は幅広で、平たい。わき水のある、ゆるやかな流れの小川や水路のドロや砂の底でくらし、よく泳ぎまわる。産卵期は3〜6月で、水草に産みつける。

アユモドキ（ドジョウ科）p.9
全長は15cmほど。ヒゲは6本。ほかのドジョウ類とくらべて、尾ビレが切れこんでいるのが特徴。幼魚期には、8本ほどのこげ茶色の横じまがある。川やわんど、水路などでくらし、石のすき間などにかくれていることが多い。6〜8月の産卵期に、川から農業用の水路を通って水田に入って産卵する。イトミミズや水生昆虫などをよく食べる。

わんど：川の入江や淀み、また淵のこと。とくに、琵琶湖から流れる淀川の岸にある池をさすことがある。

ナマズ・ギギ型 （p.10〜11）
ヒゲがある。腹が大きくふくれる

ナマズ型 （p.10） ヒゲが4本。背ビレが小さい

ナマズ（ナマズ科）p.10
全長は60cmほど。頭が平たく、口がたいへん大きい。ヒゲは4本で、上アゴの2本がとくに長い。5cmほどまでの稚魚の時期には下アゴに4本のヒゲがあるが、その後は2本にへる。体のわりに背ビレはたいへん小さく、尻ビレは長く連なる。川の中〜下

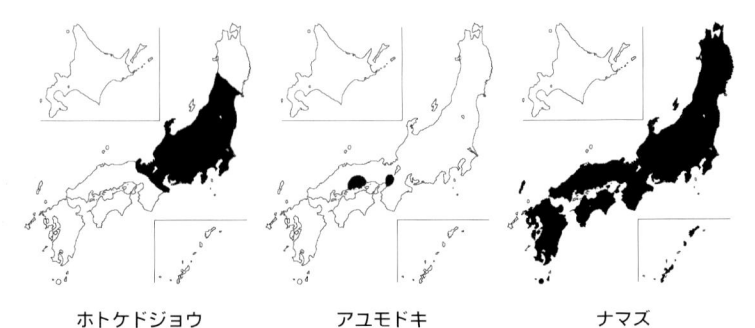

ナマズは、オスがメスの腹部に巻きついて産卵する。

ホトケドジョウ　　アユモドキ　　ナマズ

流、水路、湖沼などでくらし、夜行性で、昼間は石のすき間などにかくれていることが多い。どん欲で、魚やカエルなどを1口で飲みこむ。5～6月、雨で増水してできた川原の水たまりや水田で産卵する。このとき、オスはメスの体に巻きつく。

ビワコオオナマズ（ナマズ科）p.10

全長は1mほど。琵琶湖の特産種で、琵琶湖から流れる淀川でもみられる。ナマズとよくにているが、尾ビレの上の部分が下の部分よりも長いことや、下アゴのヒゲがたいへん細いことなどが異なる。また、幼魚期には、ナマズとおなじように体に雲のようなもようがあるが、成魚になると全体が黒っぽい銀色にかわる。腹はまっ白。大きい体にあわず、皮ふは弱くてきずつきやすい。産卵は、梅雨のころの大雨で水位が上がった湖岸などでおこなう。

ギギ型 （p.11） ヒゲが8本。脂ビレがある

ギギ（ギギ科）p.11

全長は30cmほど。ナマズのようにみえるが、上下のアゴにそれぞれ4本、合計8本のヒゲがある。背ビレが大きく、その後ろに、筋のない脂ビレがある。背ビレと胸ビレの前の部分は鋭いトゲになり、つかむとけがをすることがある。幼魚の体は金色の光沢があり、成魚はやや緑色がかる。川の中流、水路、湖などでくらし、夜行性で、小魚やエビなどをむさぼり食べる。

琵琶湖：滋賀県にある日本で最大の湖。たいへん古くにでき、他の川との交流がなかったため、琵琶湖にしかいない魚や貝が多い。形が楽器の琵琶とにている。

ビワコオオナマズ：琵琶湖とその北にある余呉湖には、イワトコナマズという近似種がみられる。

ギギ：つかむと、胸ビレを動かして「ギーギー」「グゥーグゥー」と音を出すのでこの名がある。

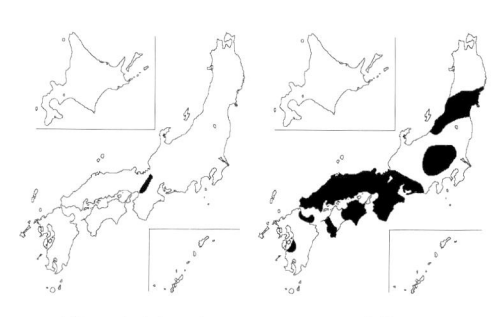

ビワコオオナマズ　　　ギギ

ギバチ：九州の北西部では，近似種のアリアケギバチがみられる。

チャネルキャットフィッシュ：北アメリカ原産の外来種。アメリカでは，食用としてさかんに養殖されている。日本では1981年に霞ケ浦に放流され，'95年ごろから漁獲がさかんになった。

ギバチ（ギギ科）p.11

全長は20cmほど。上下のアゴにそれぞれ4本，合計8本のヒゲがある。背ビレが大きく，筋のない脂ビレがある。ギギとにているが，全体に丸い感じで，尾ビレの切れこみがギギよりも浅い。水がきれいな川の中流でくらし，習性もギギとよくにている。

ネコギギ（ギギ科）p.11

全長は13cmほど。上下のアゴにそれぞれ4本，合計8本のヒゲがある。ギギやギバチとよくにているが，ギバチより太短い感じ。尾ビレの切れこみがギギほど深くなく，ギバチほど浅くない。全体にこげ茶色の大きいもようがある。水がきれいな川の中流でくらす。習性もギギやギバチとよくにている。

チャネルキャットフィッシュ（アメリカナマズ科）p.11

全長は1mをこえる。ヒゲは8本。背中の後ろのほうに脂ビレがあり，ギギとよくにているが，幼魚のころは，銀白色の光沢がある。

アカザ（アカザ科）p.11

全長は10cmほど。ヒゲは8本，脂ビレがある。ギギやギバチより頭が平たく，上からは，2つのこぶがもり上がったようにみえる。目は小さい。体は赤っぽい茶色やオレンジ色。背ビレと胸ビレに硬くて鋭いトゲがあり，にぎるといたい。水がきれいな川の上〜中流でくらし，石のあいだをニョロニョロとぬうように泳ぐ。水生昆虫などを食べる。

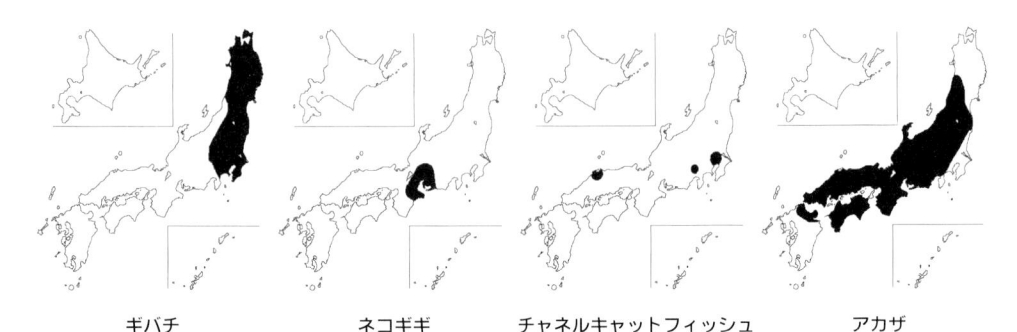

| ギバチ | ネコギギ | チャネルキャットフィッシュ | アカザ |

ライギョ型 (p.12)
体に大きいもよう。ヒレが長い

カムルチー（タイワンドジョウ科）p.12
　全長は80cmほど。全身にある黒くて大きいもようが目だち、体にそって背ビレと尻ビレが長く連なる。ヘビのような顔をしており、口が大きく、歯が鋭く、小魚やザリガニ、カエルなどをひと飲みする。水草が多いところで、水にうく黄色い卵を産む。稚魚は頭が大きくまっ黒で、目の金色が目だち、2cmをえるとオレンジ色になる。卵や稚魚を守る親に近づくと、かまれて大けがをすることがある。水があまり動かない池や水路でくらし、ときどき、口の先を水面に出して空気呼吸する。

カムルチー：1923～'24年に、朝鮮半島からもちこまれた外来種。

タイワンドジョウ（タイワンドジョウ科）p.12
　全長は60cmほど。体形やくらしのようすは、カムルチーとほぼおなじ。体側の黒いもようが、カムルチーでは2列だが、タイワンドジョウでは3列で、細かい。また、背ビレと尻ビレの筋が、それぞれ40～44本、26～29本(カムルチーは45～54本、31～35本)で、カムルチーよりやや少ない。

タイワンドジョウ：1906年に、台湾からもちこまれた外来種。

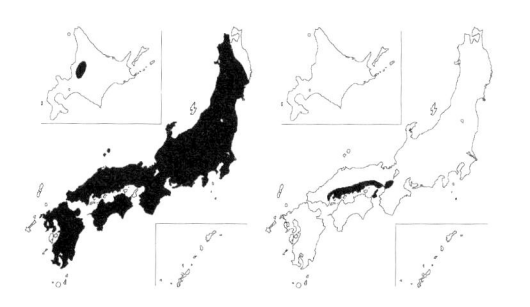

カムルチー　　　タイワンドジョウ

メダカ型 (p.13)
体長は5cmまで。口が小さく、うけ口

メダカ：成長が早く、春に生まれた稚魚は、夏には親になって産卵する。自然界での寿命は1年。日本国内でも、形や色、性質などが異なるいくつかのグループに分かれているので、むやみに放流すると、それぞれの特性が失われてしまう。

ヒメダカ：ペットや教材、実験用として、大量に養殖されている。

カダヤシ：北アメリカ原産の外来種。カの幼虫のボウフラをよく食べるので、カをたいじするためにもちこまれた（蚊絶やし）。

卵胎生：子どもが、卵でなく稚魚で生まれること。母親から養分をもらわず、卵自身の栄養でふ化する。

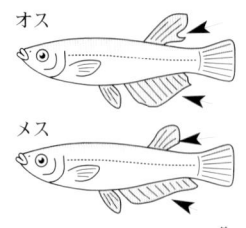

メダカ（メダカ科）p.13
全長は4cmほど。両目のあいだから背中の中心にそって、黒っぽい線が通る。体の割に目が大きく、口は小さくて、ややうけ口。池や水田、小川や水路などの水面近くで群でくらし、プランクトンや水面に落ちた小さい昆虫などを食べる。塩分にも強く、海水が少しまじるところでもみられる。産卵期は4〜8月と長く、生まれた卵にはごく細い糸がつき、水草などにからみつく。

ヒメダカ（メダカ科）p.13
メダカを品種改良したもので、体はオレンジ色。大きさや形、習性などはメダカとほぼおなじ。野生のメダカとおなじように、自然界の川や池へ放流してはいけないが、色が目だつので、鳥や魚、水生昆虫などに食べられてしまうことが多い。

カダヤシ（カダヤシ科）p.13
オスの全長は3cmほど、メスは5cmほど。体形はメダカとよくにているが、背中に黒っぽい線がない。卵を産まず、大きくふくれたメスの腹のなかで卵がふ化し、直接、稚魚が産み出される（卵胎生）。ほぼメダカとおなじようなところでくらし、エサもほぼおなじだが、ほかの魚の稚魚も食べる。

オス

メス

メダカのオスとメスは、背ビレと尻ビレの形で区別できる。

メダカ 　　ヒメダカ（正確な情報なし）　　カダヤシ

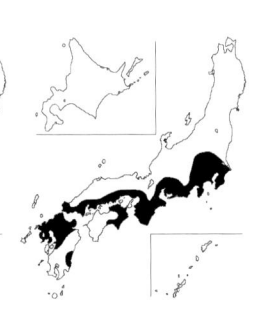

グッピー（カダヤシ科）p.13
　オスの全長は3cmほど，メスは5cmほど。形や習性はカダヤシとにている。野生種のオスの背ビレや尾ビレに色とりどりのもようがあるが，ペット店で売られているものほど大きくて色があざやかでない。低温に弱いので，沖縄地方以外では，温泉の温かい水がまじる小川や溝でくらす。水質の汚染にたいへん強く，下水でも生きられる。繁殖は卵胎生。

グッピー：南アメリカ原産の外来種。ボウフラをたいじするためやペットとしてもちこまれた。

ハゼ・カジカ型 （p.14〜18）
背ビレが2枚。口びるが厚く，ほほがふくれる

カジカ（カジカ科）p.14
　全長は16cmほど。体にウロコがなく，大きいもようがある。頭が大きく，ほほがふくらむ。川の上〜中流でくらし，大きい卵を産んで一生を淡水ですごすものと，中〜下流でくらし，小さい卵を産み，稚魚の時期を海ですごすものとがある。どちらも，水がきれいで速い流れの石の下にかくれていることが多い。3〜6月の産卵期に，オスが石のすき間になわばりをつくってメスに産卵させ，オスが卵を守る。

カジカ：エラぶたの中央のトゲは1本。腹ビレは2枚に分かれる。近似種にハナカジカ，カンキョウカジカ，ウツセミカジカなどがいる。

アユカケ　カマキリ（カジカ科）p.14
　全長は25cmほど。体形はカジカとよくにている。体にウロコがない。川の中〜下流でくらし，水がきれいで速い流れの石の下や横でじっとしている。これを「石化け」といい，石になったつもりなのか，さ

アユカケ：エラぶたの中央のトゲは4本。胸ビレの筋は途中で枝分かれする。

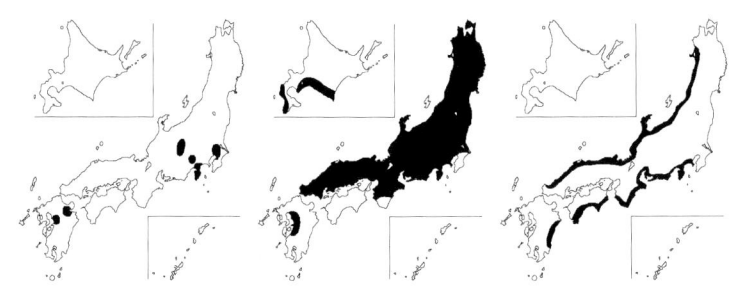

グッピー　　　　カジカ　　　　アユカケ

わっても動かない。1〜3月の寒い日に川を下って河口や海岸の近くで産卵し、春に稚魚が川を上る。産卵期のオスは、口の中が朱色になる。

ヤマノカミ：アユカケより頭が小さく、頭の上や目の下の筋が出っぱる。

有明海：九州の北西部にある内海。ドロの底で遠浅の海岸(干潟)では、特有の生き物がみられる。

ヤマノカミ（カジカ科）p.14

全長は16cmほど。全体に、ほっそりとした形。有明海に注ぐ川だけでみられる。水がきれいな中流の、石が多いところでくらす。秋の終わりに河口まで下り、つぎの年の早春、河口や海岸近くで、死んだカキなどの貝がらの内側に産卵する。

ドンコ（ハゼ科）p.14

ドンコ：ハゼのなかまの多くは左右の腹ビレがくっついて吸盤になるが、ドンコは2枚に分かれたまま。また、エラぶたの中央にトゲはない。

全長は20cmほど。体形はカジカのなかまとにているが、ハゼのなかまで、太短く、黒くて大きいもようがある。体にウロコがある。川の中流のゆるやかな流れや、小川、水路、池などでくらす。石の下やすき間、水底のかれ葉などにかくれるが、砂にもぐることもある。じっとして、近づく小魚などを、大きい口で目にもとまらぬ速さでとらえる。5〜7月、石や木の下に産卵し、オスはグゥー、グゥーと鳴く。

カワアナゴ（ハゼ科）p.14

カワアナゴ：腹ビレは吸盤にならない。

全長は25cmほど。体形はドンコとにているが、やや長い感じ。体の色がよく変化し、黒っぽくなったり、背中だけが白っぽくなったりする。川の下流でくらし、海水がまじるところでもみられる。石やテトラポットのすき間にかくれていることが多い。

シマヨシノボリ（ハゼ科）p.15

ヨシノボリ類：11種類に分けられている。

全長は7cmほど。川の中〜下流の、あまり速くない

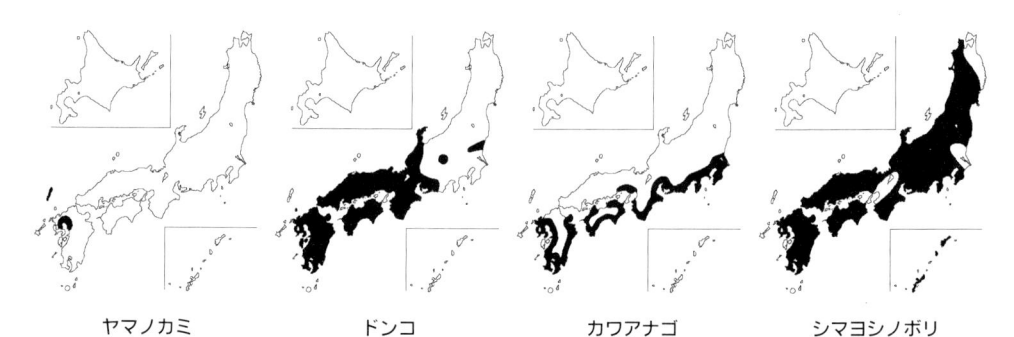

ヤマノカミ　　　ドンコ　　　カワアナゴ　　　シマヨシノボリ

流れでくらす。5～7月の産卵期に、オス、メスとも腹が青くなり、とくにメスがこくなる。オスの第1背ビレは長くのびる。オスは、石の下の砂を口に入れて除き、できたすき間にメスが産卵する。生まれた稚魚は海に下り、1.5～2cmになると川に上る。一方で、ため池などで一生をすごすものもいる。最もよくみられるヨシノボリのなかま。

トウヨシノボリ（ハゼ科）p.15
全長は6cmほど。体形はシマヨシノボリとにているが、くらす地域や個体によって色や形が異なる。5～7月の産卵期に、シマヨシノボリほどではないが、腹がやや青色、またはうすい黄色になる。川の中～下流、小川、湖、池などでくらす。稚魚が1度海に下るものや、ため池などで一生をすごすものもいる。小川やため池のものは体が小さい。シマヨシノボリとともに、よくみられる。

オオヨシノボリ（ハゼ科）p.15
全長は10cmになる大型のヨシノボリ。胸ビレのつけ根のやや上に、黒っぽい点が1個ある。オスの背ビレ、尾ビレ、尻ビレのふちは、とくに白っぽく、メスの腹は白色。川の上～中流でくらし、とくに速い流れでみられる。稚魚は1度海に下るが、湖沼などで一生をすごすものもいる。

カワヨシノボリ（ハゼ科）p.15
全長は6cmほど。産卵期に、オスは全体に黒っぽくなり、尻ビレは赤みをおびる。また、第1背ビレが

シマヨシノボリ：左右の腹ビレはくっついて吸盤になる。また、体の横に6個ほどの大きいもようがあり、ほほに赤くて細い線のようなもようがある。また、胸ビレのつけ根に、2～3本の細い三日月もようがある。

トウヨシノボリ：左右の腹ビレはくっついて吸盤になる。また、目から鼻にかけて1本の赤い線がある。オスの第1背ビレは長くのびる。オスの尾ビレのつけ根がオレンジ（橙）色なのでこの名がついた。

オオヨシノボリ：左右の腹ビレはくっついて吸盤になる。

カワヨシノボリ：左右の腹ビレはくっついて吸盤になる。

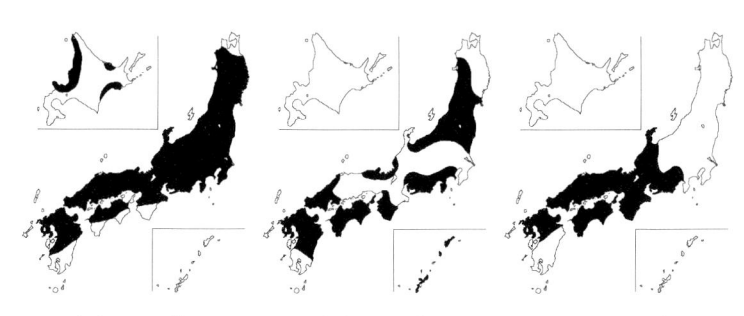

トウヨシノボリ　　オオヨシノボリ　　カワヨシノボリ

　　　　　　　　　　　　長くのびる。メスは腹が黄色っぽくなる。川の上〜
　　　　　　　　　　　　中流のゆるやかな流れでくらす。一生を川ですごし，
　　　　　　　　　　　　ヨシノボリ類としては，とくに大きい卵を石のうら
　　　　　　　　　　　　面に産む。

ゴクラクハゼ：左右の腹ビ　　ゴクラクハゼ（ハゼ科）p.16
レはくっついて吸盤にな　　　　全長は8cmほど。ヨシノボリのなかまとにているが，
る。　　　　　　　　　　　ウロコが目の後ろまである。また，顔は面長で，ほ
　　　　　　　　　　　　ほにミミズのような太くて赤いもようがある。体の
　　　　　　　　　　　　横に，水色に光る細かいもようがたくさんある。川
　　　　　　　　　　　　の下流や，海水がまじる河口でくらす。7〜10月，
　　　　　　　　　　　　オスが石の下にあなをほってメスに産卵させる。海
　　　　　　　　　　　　に下った稚魚は，2〜3cmになると秋に川を上る。

マハゼ：左右の腹ビレはく　　マハゼ（ハゼ科）p.16
っついて吸盤になる。秋の　　　全長は20cmほど。ハゼのなかまでは最もよく知られ
ハゼ釣りの人気者。　　　　ている。体は細長く，灰色がかったうすい茶色で，
　　　　　　　　　　　　腹はやや透明な白色。口は，あまり大きくない。背
　　　　　　　　　　　　ビレと尾ビレに，細かい点がならぶ。河口から湾の，
　　　　　　　　　　　　砂やドロの底でくらし，おもにゴカイを食べる。冬
　　　　　　　　　　　　から春の産卵期に，オスが川底にトンネルのような
　　　　　　　　　　　　巣あなをほり，そのなかでメスが産卵する。

アベハゼ：左右の腹ビレは　　アベハゼ（ハゼ科）p.16
くっついて吸盤になる。　　　　全長は5cmほど。頭が丸く，両目がはなれている。
　　　　　　　　　　　　下あごの先が，上あごより少し後ろにある。第1背
　　　　　　　　　　　　ビレの筋は，糸のようにのびる。体の前の半分には
　　　　　　　　　　　　横じまの，後ろの半分にはたてじまの，どちらもこ
　　　　　　　　　　　　げ茶色のもようがある。尾ビレの筋にそって黒色の

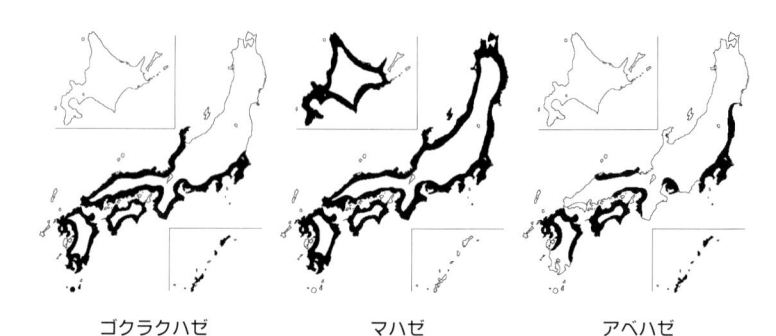

　　　ゴクラクハゼ　　　　　　　マハゼ　　　　　　　アベハゼ

線が入る。川の下流から河口でくらし、ドブのにおいがするよごれたドロの底でも平気ですむ。

ゴマハゼ（ハゼ科）p.16
成魚でも全長は2cm以下で、メダカより小さい。第1背ビレは前のほうが黒く、その上が青く光る。その後ろは赤みがかった黄色。尻ビレのつけ根から尾ビレのつけ根までに、4個の黒い点がある。海水がまじる下流でくらし、あまり流れのないところで、川底にしずまずに群れで泳ぐ。

ゴマハゼ：左右の腹ビレはくっついて吸盤になる。世界中で最も小さな魚の1種。

ヌマチチブ（ハゼ科）p.17
全長は15cmほど。頭が丸くて大きい。川の中～下流、海岸近くの湖、ため池などでくらし、石が多いところを好む。春～夏の産卵期に、オスは第1背ビレの筋が太くのび、体全体がまっ黒になる。また、頭全体にある白い点が青色にかわり、胸ビレのつけ根の黄色いもようも青白くかわる。石と石のすき間の天井の部分に産卵するが、空きカンに産むこともある。人をあまりおそれないので、あみでとらえやすい。

ヌマチチブ：左右の腹ビレはくっついて吸盤になる。近似種にチチブがある。

シモフリシマハゼ（ハゼ科）p.17
全長は10cmほど。頭が大きく、体は太短い。鼻先から尾ビレのつけ根にかけて、2本の黒い線が通る。ほほから下あごにかけて、白色の点がたくさんつく。海水がまじる川の下流の、石や岩が多いところでくらす。春～夏の産卵期に、オスはほほがはり出し、胸ビレのつけ根が白くなり、体全体が黒っぽくかわる。石の下やカキのからの内側に産卵する。

シモフリシマハゼ：左右の腹ビレはくっついて吸盤になる。

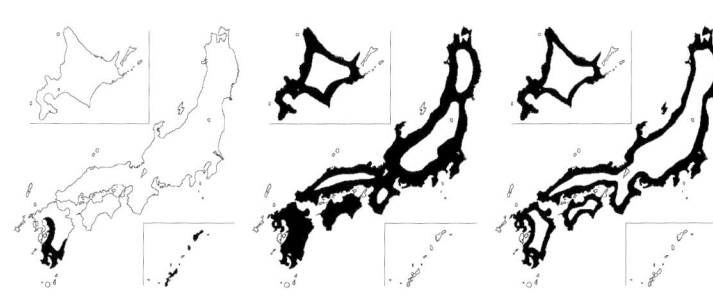

ゴマハゼ　　　　ヌマチチブ　　　　シモフリシマハゼ

ウキゴリ：左右の腹ビレはくっついて吸盤になる。近似種にシマウキゴリ，スミウキゴリがある。

ウキゴリ（ハゼ科）p.17
全長は13cmほど。体はうすい茶色。胸ビレのつけ根から尾ビレのつけ根まで，やや四角形の大きいもようが6～7個ある。第1背ビレの後ろの黒くて大きいもようと，その下の白いもようが目だつ。口がたいへん大きく，目の後ろまでさける。川の中～下流，湖，池などのあまり流れがないところでくらし，エビやほかの魚の幼魚をどん欲に食べる。5～6月の産卵期に，オス，メスとも腹ビレや尻ビレが黒くなり，メスの腹は黄色くなる。

ビリンゴ：左右の腹ビレはくっついて吸盤になる。近似種にジュズカケハゼ，シンジコハゼがある。

ビリンゴ（ハゼ科）p.17
全長は5cmほど。体は太短く，尾ビレのつけ根は細い。口は小さい。海水がまじる川の下流の，砂やドロの底でくらす。3～6月の産卵期に，ヒレが黒くなるが，メスの尾ビレ以外のヒレが，オスよりも黒くなる。稚魚は，1度海に下り，ふたたび川に上る。ハゼのなかまとは思えないほど川底にしずまず，水中をゆっくり泳ぐ。

イサザ：左右の腹ビレはくっついて吸盤になる。ウキゴリとよくにているが，尾ビレのつけ根が細いこと，第1背ビレの後ろの黒いもようの下に白いもようがないなどの点が異なる。琵琶湖ではたくさんとられ，食用にする。

イサザ（ハゼ科）p.17
全長は8cmほど。琵琶湖だけでみられる。体はうすいあめ色で，全体にうすい茶色のもようがある。昼間は，30mより深いところにいるが，日がしずむと，いっせいにエサのプランクトンが多い水面の近くまでうき上がってくる。4～5月，浅い湖岸でいっせいに産卵する。

ボウズハゼ（ハゼ科）p.18

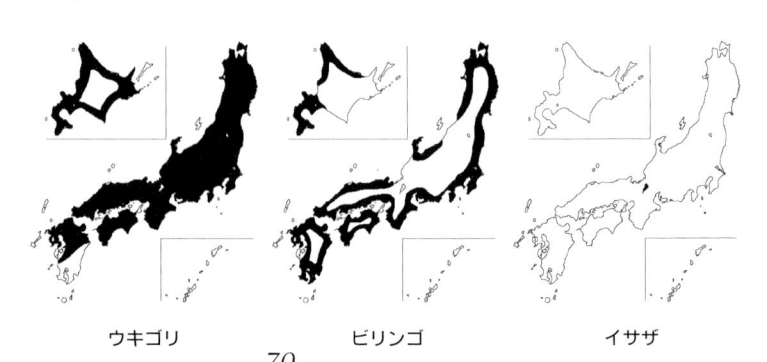

ウキゴリ　　　　　ビリンゴ　　　　　イサザ

全長は13cmほど。体は細くて柔軟で、頭は丸みのある四角形。第1背ビレは長く、たおすと第2背ビレにとどく。体は黄かっ色で、体を横ぎる約10本のこげ茶色のしまもようが目だつ。川の上〜下流のきれいな水で、あまり流れがないところから、かなり速いところまでみられる。胸の下にある吸盤は強く、指に吸わせて体を水上にもち上げることができる。水にぬれた垂直な岩の表面も、口と吸盤で楽に登る。アユのように、石の表面につく藻類を、なめまわすように食べる。

ボウズハゼ：左右の腹ビレはくっついて強い吸盤になる。あみのすき間をうまくくぐりぬけるので、つかまえにくい。

トビハゼ（ハゼ科）p.18

全長は10cmほど。河口のドロがたまった干潟でくらす。目がカエルのようにとび出ている。よく発達した胸ビレを腕のように使って、腹をもち上げてはいまわったり、尾を使ってドロの上や水面をはねまわったりする。潮が満ちてくると、石やくいの上に逃れ、ふたたび干潟が現れるのをまつ。6〜8月の産卵期に、オスがドロに巣あなをほり、求愛のジャンプをしてメスをさそい入れ、産卵させる。

トビハゼ：左右の腹ビレはくっついて吸盤になる。陸上では、皮ふで空気呼吸をする。

カレイ型 （p.19）
両目とも体の片側にある

ヌマガレイ（カレイ科）p.19

全長は90cmをこえる。両目は体の左側（ふつう、カレイのなかまは右側）にあり、この面はうすい茶色だが、

ヌマガレイ：アメリカでは約半数が右側に目があるが、日本ではすべて左側に目がある。

ボウズハゼ　　　トビハゼ　　　ヌマガレイ

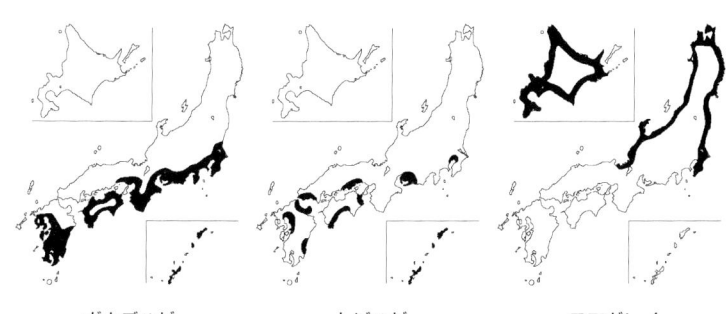

黒っぽく変化することもある。また、この面に多くの突起があり、ザラザラする。目がない面はピンクがかった白色で、突起はない。背ビレ、尾ビレ、尻ビレに、幅広で黒い筋がある。浅い海、海とつながる湖、川の中〜下流などでくらす。

イシガレイ（カレイ科）p.19
　全長は60cmほど。両面ともウロコがなく、スベスベする。両目は体の右側にあり、体色は緑色がかった茶色で、体の中心と背ビレ側、腹ビレ側に3列ほどの硬い石のような突起がならぶ。目がない面はまっ白で、突起はない。水深30〜100mの砂やドロの底でくらすが、海水がまじる下流にもやってくる。

シラウオ型（p.20）
生きているとき体が透明

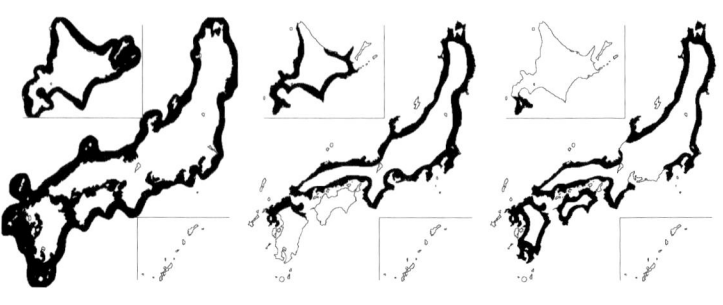

シラウオ：近似種に有明海に流れこむ川でみられるアリアケシラウオ、アリアケヒメシラウオがある。

シラウオ（シラウオ科）p.20
　全長は10cmほど。体はたいへん細長く、口先がとがる。背ビレは、体の後ろのほうにつく。そのさらに後ろに、みおとしそうな小さい脂ビレがある。生きているときは透明で、内臓がすけてみえる。弱るとともに透明感がなくなり、死ぬとまっ白になる。海とつながる湖や、海水がまじる川の下流でくらす。2〜5月、産卵のために川を上る。

シロウオ（ハゼ科）p.20
　全長は5cmほど。生きているときは透明で、シラウ

イシガレイ　　　　シラウオ　　　　シロウオ

72

オとよくまちがえられるが、ハゼのなかま。第1背ビレはない。また、2枚の腹ビレはくっついて小さい吸盤になる。泳いでいるとき、体の中央にある丸いうきぶくろが透けてみえる。ふだんは、波がおだやかな海岸の入り江などでくらすが、春に産卵のために下流に上ってくる。

シラスウナギ（ウナギの稚魚）p.20
全長は6cmほど。体形は成魚とほぼおなじだが、全身が透明。太平洋の深海から、海流にのって河口に集まり、夜に川を上る。その時期は、1〜3月が最も盛ん。川を上って2週間ほどで体が黒くなる。

シラスアユ（アユの稚魚）p.20
全長は5cmほど。秋に産卵して生まれた稚魚は海に下り、つぎの年の春まで、海岸の波うちぎわで動物プランクトンなどを食べてすごす。このころの体は透明で細長く、5〜6cmになるとウロコにおおわれて銀白色になる。3〜5月、7〜8cmに成長したものから川を上りはじめる。

サケ型 （p.22〜25）
脂ビレがある

イトウ（サケ科）p.22
全長は1mほど。日本で最大の淡水魚といわれ、2mの記録もある。体は長く、口は大きい。腹をのぞく体全体に黒点がある。現在は北海道だけでみられ、

シラスウナギ：夜、ライトでてらすと、水面の近くをクネクネと泳ぎながら川を上るようすが観察できる。ウナギの養殖は、これをとって育てる。

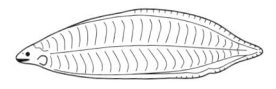

シラスウナギになる前は、ヤナギの葉のような形をしているウナギの幼生

シラスアユ：琵琶湖などにいる海に下らないアユは、湖でシラスアユの時期をすごす。これはヒウオ(氷魚)とよばれる。

イトウ：ほとんどのサケのなかまは秋に産卵するが、イトウは川の上流で春に産卵する。

ウナギ　　　　　アユ　　　　　イトウ

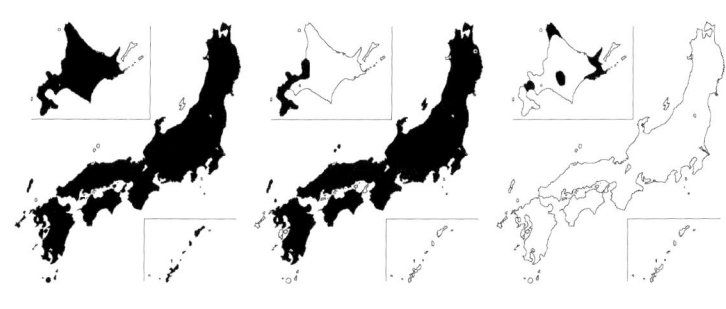

サケ：海に出たサケの幼魚は北太平洋を大きく回遊しながら成長し、平均4年で自分が生まれた川にもどって産卵する。なぜ、正確にもどることができるのか、まだよくわかっていない。

パーマーク：サケのなかまの幼魚期の体側にあらわれる10個ほどの小判型をしたもよう。ヤマメやアマゴなどは、成魚になってもみられる。

ニジマス：1877年に、アメリカから日本にもちこまれた外来種。日本の各地で養殖や放流がおこなわれているが、北海道と一部の地域でしか繁殖していない。

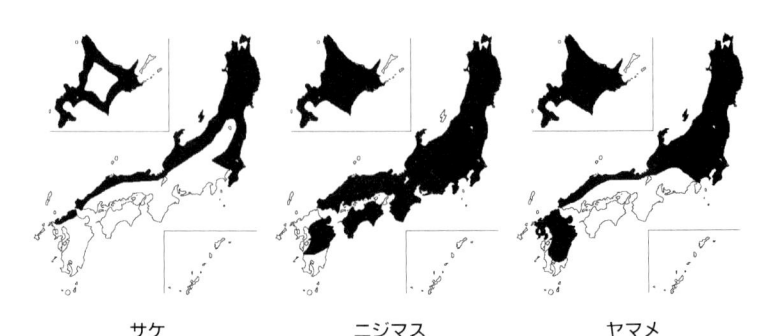

湿原を流れる川の中〜下流や湖沼でくらすが、海に下るものもいる。どん欲で、水鳥のヒナ、野ネズミ、ヘビなども食べる。

サケ（サケ科）p.22
全長は60cmほど。背中は青黒く、体側は銀白色。産卵期に、オス、メスとも赤や黄、緑などがまじった婚姻色があらわれる。また、オスの上下のあごは長くつき出し、先が曲がる「鼻曲がり」になる。産卵期は9〜1月、海から上流をめざして上り、わき水が出る砂底に、メスが尻ビレですり鉢のようなあなをほり、オスと1対で産卵する。メスは、しばらく卵を守るが、やがてオスとともに死ぬ。80日ほどでふ化し、3〜4月に海に下る。この時期の幼魚の体側に、パーマークとよばれるもようが10数個あらわれる。

ニジマス（サケ科）p.22
全長は80cmほどで、1mをこえるものもいる。背中は灰色がかった緑〜青緑色で、多くの黒点がある。エラぶたから尾ビレのつけ根にかけて、幅広でピンク色の線がある。

ヤマメ（サケ科）p.23
全長は30cmほど。サクラマスが海に下らずに、一生を川でくらすもの。背中は青緑〜茶色で、多くの黒点がある。体側に、こい青緑色をした小判型のパーマークが6〜12個あるが、アマゴとちがい朱点がまったくない。産卵期は秋で、産卵後も生きつづける。

サケ　　　　　ニジマス　　　　ヤマメ

サクラマス（サケ科）p.23
全長は60cmほど。ヤマメが海に下り，成長して川にもどってきたもの。海に下って大きく成長したサクラマスは，つぎの年の4〜5月に生まれた川へもどり，9〜10月に産卵する。そのとき，川に残っていたなかまも産卵に加わる。

アマゴ（サケ科）p.23
全長は25cmほど。サツキマスが海に下ることなく，一生を川でくらすもの。背中は青緑〜茶色で，多くの黒点がある。体側に，こい青緑色をした小判型のパーマークが7〜11個あり，朱点があることがヤマメと異なる。産卵期は秋で，産卵後も生きつづける。

サツキマス（サケ科）p.23
全長は50cmほど。アマゴが海に下り，成長して川にもどってきたもの。海に下るものは，体がしだいに銀白色にかわり（銀毛化），パーマークはうすくなるが，朱点はそのまま残る。海に下る数は，サクラマスほど多くない。産卵の習性はサクラマスとおなじ。

ニッコウイワナ（サケ科）p.24
全長は50cmほど。水が冷たい川の上流や，山の湖などでくらす。イワナのなかまは，体の色やもようの変化が大きいが，ニッコウイワナは背中や体側に多くの白点があるのが特徴。おもに水生昆虫を食べるが，水面に落ちた虫，カエル，ときにはヘビなどもおそって食べる。秋に山が紅葉するころ，幅1mほどの支流に入って産卵する。

サクラマス：北日本で生まれて1〜2年間を川でくらし，そのまま川に残るもの（ヤマメ）と，4〜6月に海に下るものとに分かれる。海に下るものは，体がしだいに銀白色にかわり（銀毛化），パーマークもうすくなる。

アマゴ：ヤマメよりおくびょうで，人のすがたにおどろくと，その日は岩のすき間にかくれて出てこないともいわれる。

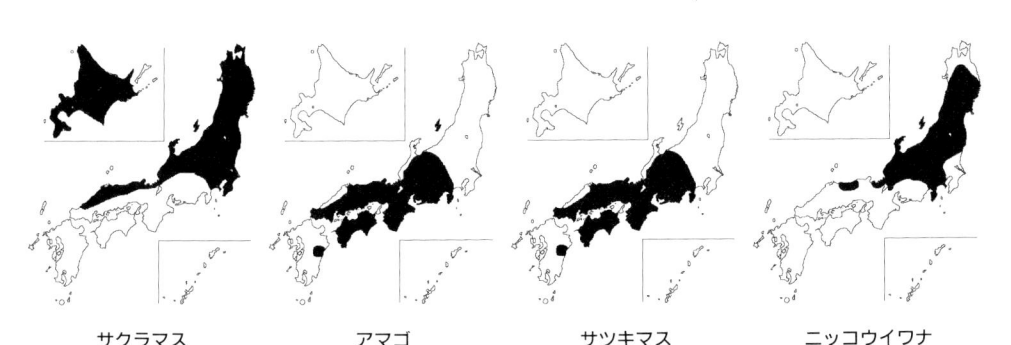

サツキマス：サツキの木に花がさく5月ごろに川を上ることからこの名がついた。近似種に，琵琶湖にすみ，産卵のために周辺の川に上るビワマスがある。

サクラマス　　アマゴ　　サツキマス　　ニッコウイワナ

アメマス：北海道では、最高水温が20℃をこえなければ平地の川でもみられる。

アメマス（サケ科）p.24
全長は70cmほど。イワナのなかまで、一生を川ですごすものと、海に下って1〜5年をすごし、ふたたび川にもどってくるものがある。背中や体側に白っぽい水玉もようがある。よくほかの魚を食べ、ときにはザリガニや野ネズミを丸のみすることもある。

ゴギ（サケ科）p.24
全長は20cmほど。中国地方を流れる川の上流だけでみられるイワナのなかま。大きい石や岩がたくさんある流れで、真夏でも20℃をこえない水を好む。ニッコウイワナのように、背中や体側に多くの白点があるが、その白点が頭にもあることが特徴。

オショロコマ：近似種にミヤベイワナがある。

オショロコマ（サケ科）p.24
全長は25cmほど。北海道だけでみられるイワナのなかま。ほとんどが一生を川ですごすが、海に下るものもわずかにいる。背中に白点があり、体側に5〜11個の小判型のパーマークと赤い点がある。腹は白いが、10〜1月の産卵期に、胸ビレ、腹ビレ、尻ビレがともに朱色にかわる。

アユ：天然のアユは、スイカのにおいがする。また、なわばり争いの習性を利用した釣り方が「友釣り」。琵琶湖には、成魚でも全長が10cmほどで、一生を淡水ですごすアユがいて「コアユ」とよばれる。近似種にリュウキュウアユがある。

アユ（アユ科）p.25
全長は10〜25cm。日本を代表する淡水魚。背中は緑色がかった茶色で、腹は白い。エラぶたの後ろにある黄色いもようが目だつ。口は大きく、くちびるは白い。上あごの先の皮ふが、口の前に少したれる。おもに川の中流でくらし、あまり上流ではみられない。幼魚までは動物プランクトン食べ、しだいに石

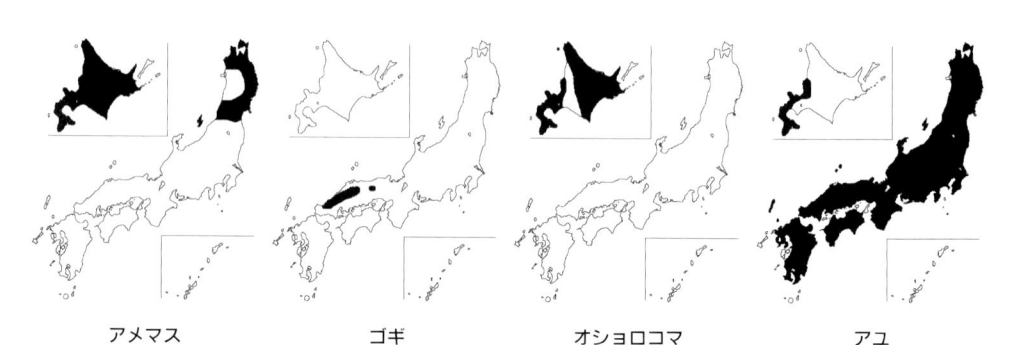

アメマス　　　ゴギ　　　オショロコマ　　　アユ

の表面につく藻類だけを食べるようになる。そのエサ場をめぐって、アユどうしがはげしいなわばり争いをする。産卵期は秋で、中～下流の砂底に産卵して1年の寿命をおえる。稚魚は海に下り、つぎの年の春、7～8cmに育って川を上るまで、波うちぎわでくらす。

ワカサギ（キュウリウオ科）p.25

全長は14cmほど。背中は黄色がかったうすい茶色で、体側は銀白色。サケのなかまやアユのように、背ビレと尾ビレのあいだに脂ビレがあるが、小さくて透明なのでみおとしやすい。もともとは、海水がまじる河口や海とつながる湖でくらす魚であったが、海とつながらない湖、ダム湖、池などに放流され、そこで生きのびて産卵もするようになった。産卵期は、1～5月。

ワカサギ：湖の表面に厚くはった氷に、あなをあけて釣る「ワカサギのあな釣り」は有名。

スズキ型　（p.26～28）
背ビレがトゲのよう

ブルーギル（サンフィシュ科）p.26

全長は20cmほど。幼魚の体は、紫色がかった水色の光沢があり、7～10本の黒っぽい横じまが目だつ。成長するとエラぶたの外側の一部が出っぱり、それがこい青色なので、ブルー（青い）ギル（エラ）の名がついた。産卵期は6～7月、オスのあごからエラぶたの下があざやかな水色になるとともに、胸がオレン

ブルーギル：1960年に、アメリカから日本にもちこまれた外来種。現在、ほぼ全国の川や湖沼、ため池などでみられる。在来種に大きな悪影響をあたえている。

ワカサギ　　　　ブルーギル

ジ色にかわる。オスが，砂やドロの底に直径50cmほどのすり鉢のようなあなをほり，メスをよびいれて産卵させる。卵や稚魚は，オスが守る。水草，動物プランクトン，エビ，ほかの魚の卵や稚魚など，さまざまなエサをどん欲に食べる。

オクチバス： 1925年に，アメリカから日本にもちこまれた外来種。現在，ほぼ全国の川や湖沼，ため池などでみられる。在来種に大きな悪影響をあたえている。近似種にコクチバスがある。オオクチバスとともにブラックバスともよばれる。

オオクチバス　ブラックバス（サンフィッシュ科） p.26
全長は30～50cm。背中は緑色がかった茶色で，体側に黒いもようがある。水中の若い魚をななめ上からみると，尾ビレの先が黒くみえる。成魚は，小魚，エビ，水生昆虫などを食べるが，稚魚のころからほかの種類の稚魚を食べる。産卵期は4～7月，オスが，直径50cm，深さ15cmほどの巣を水底につくり，メスが砂や水草の茎などに卵を産む。卵や稚魚はオスが守るので，人が近づくと，体当たりしてくることがある。

ナイルティラピア： 1962年に食用のため日本にもちこまれた，アフリカ原産の外来種。近似種にモザンビークティラピアがある。

ナイルティラピア　カワスズメ（カワスズメ科） p.26
全長は50cmほど。体側に，8～10本の横じまがある。温泉やわき水が流れこむ川や湖でくらす。メスは，卵や稚魚を口のなかで守るので，メスのまわりで泳ぐ稚魚をおどかすと，いっせいにメスの口のなかに逃げこむようすが観察できる。24～30℃の水温を好むが，ならすと，10℃でも生きられる。

オヤニラミ： エラぶたのはしに，目の大きさほどで緑色にかがやくもようがあり，目が4つあるようにもみえる。

オヤニラミ（スズキ科） p.26
全長は10cmほど。海水魚のようにみえるが，水がきれいな川の中流で一生をすごす淡水魚。目が赤く，体はうすい茶色で，こげ茶色の横じまがあるが，体

　　　オオクチバス　　　　ナイルティラピア　　　　オヤニラミ

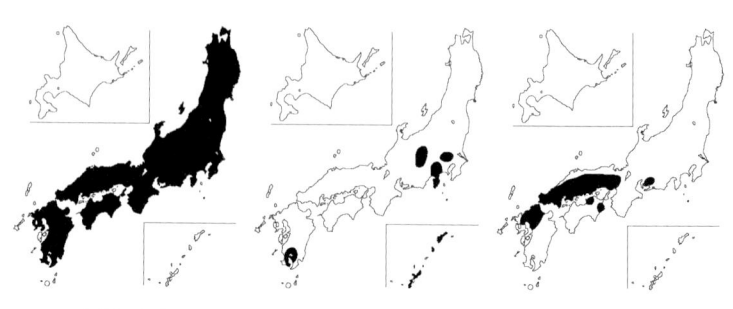

色のこさはよく変化する。弱い流れを好み、エビ、水生昆虫、小魚などをエサにする。産卵期は5月ごろ、水中のヨシの茎や木の枝などに産みつける。オスが胸ビレを使って卵に新鮮な水を送り、ふ化した稚魚を守る。

スズキ（スズキ科）p.27

全長は1mほど。体は細長く、体側は銀白色。背ビレの前の部分のトゲは長くて鋭い。エラぶたにも鋭いトゲがあり、つかんでいるときあばれるとけがをする。全長20cmほどまでの幼魚の背中や背ビレに、多数の黒点がある。海でよくみられるが、春には稚魚が、夏には幼魚が川の下流にやってくる。冬、海で産卵する。

スズキ：近似種にタイリクスズキがある。

クロダイ（タイ科）p.27

全長は40cmほど。海水魚のタイとほぼおなじ体形で、黒っぽい銀色。ウロコが全体に細かい感じ。湾のなかや浅い海でくらすが、幼魚は川の下流まで上ってくる。性がかわる魚として有名で、10〜30cmまではオスとメスの両性をもち、その後、オスとメスに分かれるが、ほとんどがメスになる。

クロダイ：体形はキチヌとよくにているが、腹ビレ、尻ビレ、尾ビレの下半分が黄色くならない。また、背ビレのつけ根から側線までの1列のウロコは6〜7枚で、キチヌの4枚より多い。

キチヌ（タイ科）p.27

全長は40cmほど。タイとほぼおなじ体形で、黒っぽい銀色。ウロコが全体に粗い感じ。幼魚は川の下流まで上ってくる。クロダイとおなじように性がかわる。

キチヌ：体形はクロダイとよくにているが、腹ビレ、尻ビレ、尾ビレの下半分が黄色いのでキビレともいわれる。

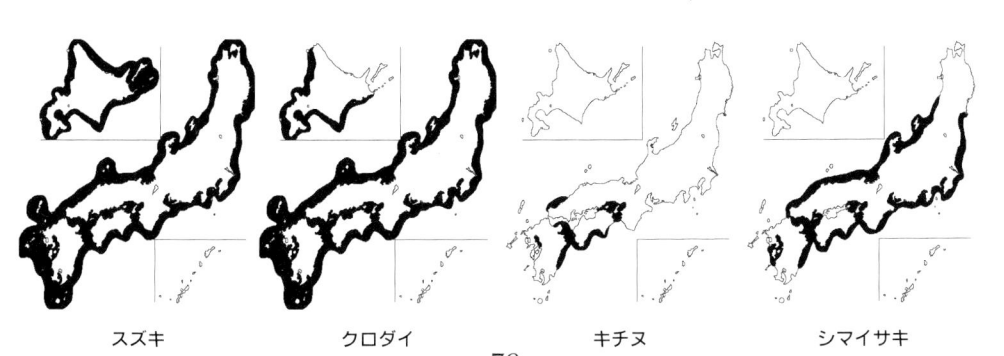

シマイサキ（シマイサキ科）p.28

全長は30cmほど。口は小さく、先がとがる。成魚は

スズキ　　　クロダイ　　　キチヌ　　　シマイサキ

海でくらすが、1～3cmの幼魚が、川の下流でせわしなく泳ぐすがたがみられ、完全な淡水にもやってくる。幼魚は黄金色をしており、体側に黒い線が4～5本ある。

コトヒキ（シマイサキ科）p.28
全長は30cmほど。体形はシマイサキとにているが、頭がやや丸い。川の下流で、1～3cmの幼魚がせわしなく泳ぐすがたがみられるが、完全な淡水にはやってこない。幼魚は黄金色で、背ビレに黒いもようがある。体側に、黒くて下にカーブする3本の線が目だち、上からは矢形のもようにみえる。

ヒイラギ：背ビレや尻ビレの短いトゲが、樹木のヒイラギの葉のトゲとにて鋭いのでこの名がついた。

ヒイラギ（ヒイラギ科）p.28
全長は10cmほど。体はたいへんうすく、銀白色。口は下にのびる。背ビレや尻ビレのトゲは短いが鋭く、つかまるとピンと立て、つかむとたいへんいたい。体の表面からネバネバした液が出る。海水がまじる川の下流にくる。

ボラ型 （p.29）
背ビレが2枚。正面からみると逆三角形

ボラ：近似種にセスジボラなどがある。

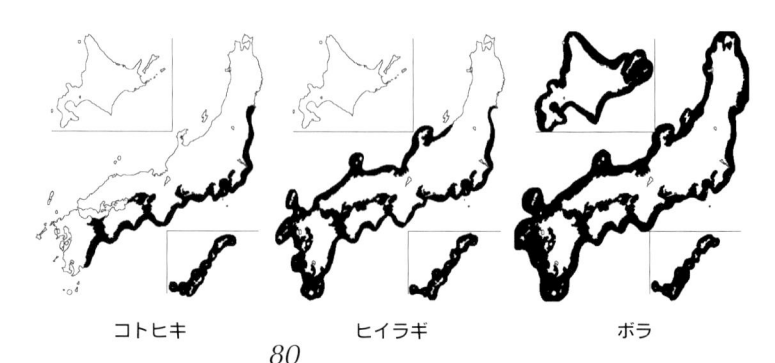

ボラ（ボラ科）p.29
全長は60cmほど。背ビレは前後に2枚あり、第1背ビレはたおれていることが多い。頭から背中にかけての幅が、腹の幅より広く、正面からは逆三角形にみえる。目が大きく、全長が5cm以上になると、ま

コトヒキ　　　　　ヒイラギ　　　　　ボラ

わりに半透明の硬い膜(脂瞼)ができる。胸ビレはななめ上をむき，つけ根に青色のもようがある。海でよくみられる魚だが，稚魚や若い魚は川の下流にやってきて，ときには数10kmも川を上ることがある。完全な淡水でも平気でくらす。エサは，石やドロの底の表面につく藻類などを，頭をふって食べる。朝夕に，水面を高くジャンプする。

メナダ（ボラ科）p.29
全長は90cmほど。体はボラより細長く，背中の色は，ボラは青みがかるが，メナダは茶色っぽい。また，目のまわりに半透明の硬い膜はほとんどなく，目はオレンジ色。胸ビレのつけ根に青色のもようはない。海でよくみられるが，稚魚や若い魚は川の下流にもやってきて，完全な淡水でも平気でくらす。

コイ型
（p.30～39）

コイ・フナ型 （p.30）
背ビレが長い
尻ビレが短い

コイ（コイ科）p.30
全長は60cmほどで，1mをこえることもある。背ビレのつけ根は長く，尻ビレのつけ根は短い。これは，フナにもみられる特徴だが，フナよりも体がやや長く，4本の短い口ヒゲがあることや，ウロコが黒っぽくふちどられて網目もようにみえることなどがフ

コイ：体をつかむと，フナより柔軟性があり，力強い感じ。若い魚は，尾ビレや尻ビレがやや赤みをおびる。

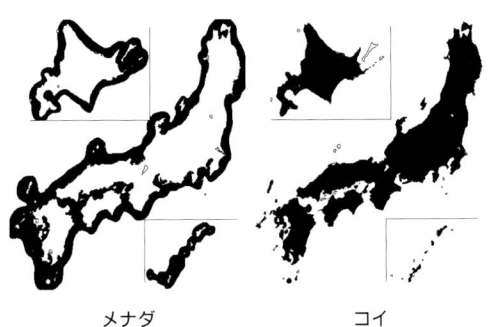

メナダ　　　　　コイ

フナ：フナ類やコイの産卵は，体を横にしてはげしく水をはたき，水草の茎などに卵をまきちらす。

キンブナ：近似種にオオキンブナや琵琶湖特産のニゴロブナがある。

ギンブナ：ギンブナの卵はほかの種類の精子によって成長をはじめるが，雑種にならずにギンブナになる。

ゲンゴロウブナ：ヘラブナともよばれ，釣るのがむずかしいことから，釣り人に人気がある。

ナと異なる。大きい川の中〜下流，湖沼，ため池などでくらす。タニシやシジミなどの貝類，小魚，水草などをどん欲に食べる。のどのおくにじょうぶな歯があり，貝がらなどは簡単にかみくだく。3〜6月，雨で増水したとき，背中が水面に出るほどの浅い水辺で産卵する。

キンブナ（コイ科） p.30
全長は15cmほど。背ビレのつけ根は長く，尻ビレのつけ根は短い。口ヒゲはない。フナ類としては，体高が低い。体は全体に黄色〜赤っぽく，背ビレの筋は平均13本で，他のフナ類の16〜18本より少ない。川の中〜下流，湖沼などでくらし，動物プランクトンやドロの表面の藻類，ドロのなかの小動物などを食べる。

ギンブナ（コイ科） p.30
全長は30cmほど。背ビレのつけ根は長く，尻ビレのつけ根は短い。口ヒゲはない。体はキンブナより白っぽい。川の下流，湖沼，ため池，水路などでくらす。4〜6月，雨で増水したとき，浅い水辺で産卵する。ほとんどオスがいない。

ゲンゴロウブナ（コイ科） p.30
全長は40cmほど。もともとは，琵琶湖や淀川の原産だが，全国各地の湖沼やため池に放流されている。背ビレのつけ根は長く，尻ビレのつけ根は短い。口ヒゲはない。体は大きくて銀白色，フナ類では体高が最も高い。成長すると，頭の後ろから背中が急に

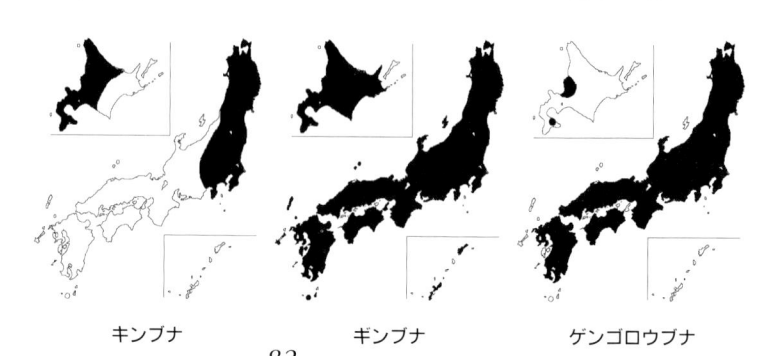

キンブナ　　　　ギンブナ　　　　ゲンゴロウブナ

もり上がる。他のフナ類とちがって、主食は植物プランクトン。

タナゴ型 （p.31〜33）
背ビレが長い
尻ビレが長い

ヤリタナゴ（コイ科）p.31
全長は10cmほど。体は銀白色で、2本の口ヒゲがある。尾ビレのつけ根から体の前方にのびる線がなく、背ビレの筋にそう黒色の細長いもようがある。3〜7月、マツカサガイなどの二枚貝に産卵する。

アブラボテ（コイ科）p.31
全長は7cmほど。体は、他のタナゴ類にはみられない茶色で、2本の口ヒゲがある。メスはヤリタナゴとにているが、体はやや茶色で、体高が高く、尻ビレの中央に赤い筋があることなどが異なる。川の中流、水路でくらす。マツカサガイやドブガイなどの二枚貝に産卵する。

ミヤコタナゴ（コイ科）p.31
全長は6cmほど。2本の口ヒゲがある。体形はヤリタナゴとにているが、側線は体の前のほうだけにある。わき水が入る小川やため池でくらす。4〜7月、マツカサガイなどの二枚貝に産卵する。

イチモンジタナゴ（コイ科）p.32
全長は8cmほど。タナゴ類では、体高が最も低く、2本の口ヒゲはたいへん短い。青緑色の線が、尾ビレのつけ根から体の前のほうにのびる特徴からこの名がついた。水草が多い池や水路、わんどなどでく

タナゴ類：メスは長い産卵管を生きた二枚貝の体内にさしこんで産卵する。

ヤリタナゴ：オスの婚姻色は、顔のまわりがうすい紅色になり、体側が緑色がかった青色、腹が黒色、背ビレと尻ビレの先が朱色になる。

アブラボテ：オスの婚姻色は、体全体が黒っぽいオリーブ色に、尻ビレの先が黒くなる。また、鼻先の白い追星が目だつ。

追星：産卵期に、淡水魚のオスの鼻先やエラぶた、胸ビレなどにあらわれるザラザラした突起。産卵のじゃまをするほかの魚を追いはらうときに使う。

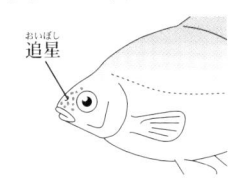

ミヤコタナゴ：オスの婚姻色は、体側がうすい青紫色になり、尻ビレと腹ビレの先が黒くなる。

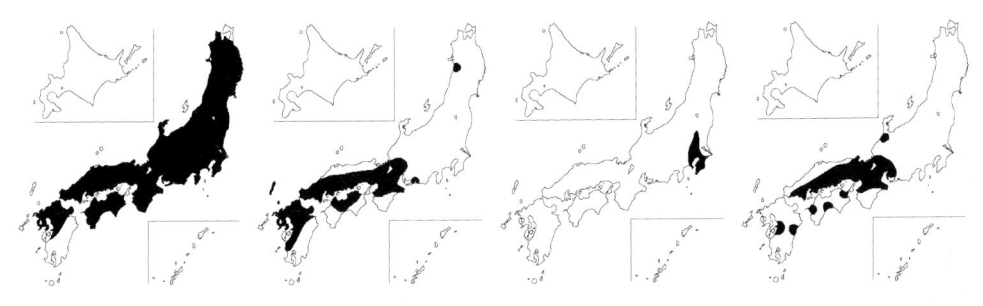

ヤリタナゴ　　アブラボテ　　ミヤコタナゴ　　イチモンジタナゴ

イチモンジタナゴ：オスの婚姻色は，背中が青緑色に，腹側と，背ビレや尻ビレの先が白っぽいピンク色になる。

タナゴ：オスの婚姻色は，顔のまわりがうすい紅色になり，尻ビレの先が白くなる。

カネヒラ：オスの婚姻色は，背中がやや青みがかった緑色になり，顔から腹にかけてはこいピンク色になる。尻ビレと腹ビレが白っぽいピンク色になる。

シロヒレタビラ：オスの婚姻色は，顔のまわりが紫色になり，体側がうすい青色になる。また，腹と腹ビレ，尻ビレがまっ黒になり，先はまっ白になる。近似種にアカヒレタビラ，セボシタビラがある。

らす。ドブガイやイシガイなどの二枚貝に産卵する。

タナゴ（コイ科）p.32
全長は10cmほど。体高は低く，2本の口ヒゲはたいへん短い。タナゴ類では，背ビレと尻ビレのつけ根が最も短く，ヒレも小さい。青緑色の線が，尾ビレのつけ根から体の中央までのびる。川の中〜下流，平野の湖沼や池などでくらす。4〜6月，ドブガイなど大型の二枚貝に産卵する。

カネヒラ（コイ科）p.32
全長は12cmほど。最も大型のタナゴ。2本の口ヒゲはたいへん短い。他のタナゴ類とくらべて，上あごの先がやや長い。青緑色の線が，尾ビレのつけ根から体の中央までのびる。川の中〜下流，水路でくらす。産卵期は秋だが，早いものは7月から始める。イシガイやタテボシなどの二枚貝に産卵し，稚魚は貝の体内で冬をすごし，つぎの年の春に泳ぎ出る。

シロヒレタビラ（コイ科）p.32
全長は8cmほど。2本の口ヒゲがある。青緑色の線が，尾ビレのつけ根から体の中央までのびる。川の中〜下流，平野の湖沼や水路でくらす。4〜7月，イシガイやドブガイ，カタハガイなどの二枚貝に産卵する。

イタセンパラ（コイ科）p.33
全長は9cmほど。体はうすく，体高がたいへん高い。目が大きく，口ヒゲはない。背ビレと尻ビレは長くて大きい。尾ビレのつけ根から体の前のほうにのび

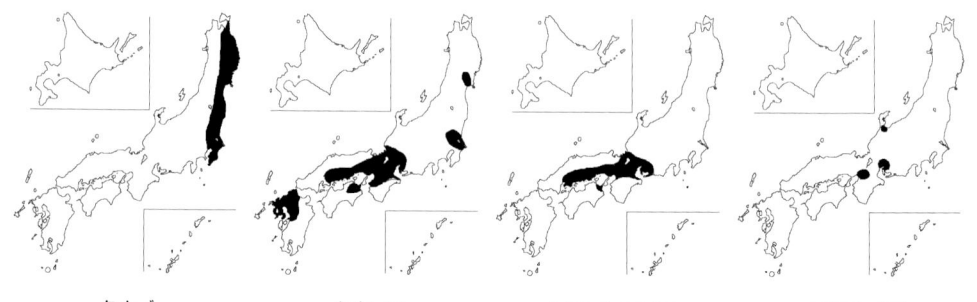

タナゴ　　カネヒラ　　シロヒレタビラ　　イタセンパラ

る線はみられない。川の中〜下流のわんどや水路などでくらし、成魚は藻類だけを食べる。9〜11月、小型のイシガイやドブガイなどの二枚貝に産卵し、稚魚は貝の体内で冬をすごし、つぎの年の春に泳ぎ出る。

ゼニタナゴ（コイ科）p.33

全長は8cmほど。ウロコがたいへん細かい。口ヒゲはなく、体の前のほうだけに側線がある。平野の浅い湖沼や池、また、それらとつながる水路などでくらす。9〜11月、大型のカラスガイやドブガイなどの二枚貝に産卵し、稚魚は貝の体内で冬をすごし、つぎの年の春に泳ぎ出る。

カゼトゲタナゴ（コイ科）p.33

全長は5cmほど。口ヒゲはない。青色の線が、尾ビレのつけ根から体の中央までのびる。メスの背ビレの前のほうに、黒色のもようがある。平野の小川や水路などでくらす。5〜6月、マツカサガイなどの二枚貝に産卵する。

タイリクバラタナゴ（コイ科）p.33

全長は6cmほど。体はひし形で、口ヒゲはない。水色の線が、尾ビレのつけ根から体の中央までのびる。幼魚の背ビレの前のほうに黒色のもようがあり、メスでは成魚になっても残ることがある。平野の川、水路、ため池などでくらす。4〜9月、ドブガイなどの二枚貝に産卵する。

イタセンパラ：オスの婚姻色は、体側が赤紫色になり、腹が黒くなる。また、背ビレ、尻ビレ、腹ビレに、白色と黒色がまじったもようがあらわれる。

ゼニタナゴ：オスの婚姻色は、体側がうすい紅色になり、背ビレ、尻ビレ、胸ビレに、白色と黒色がまじったもようがあらわれる。

カゼトゲタナゴ：オスの婚姻色は、背中が青緑色になり、腹側がうすい紅色になる。また、腹が黒くなり、背ビレと尻ビレの先が朱色になる。近似種にスイゲンゼニタナゴがある。

タイリクバラタナゴ：オスの婚姻色は、背中が緑色がかった青色に、腹側がバラ色になる。婚姻色が強くあらわれたときは、背ビレ、尻ビレ、尾ビレの中央が赤くなる。1940年代に、中国からソウギョやハクレンなどにまじって日本にもちこまれた外来種。日本の各地で繁殖し、近似種のニッポンバラタナゴとの雑種化がすすんでいる。

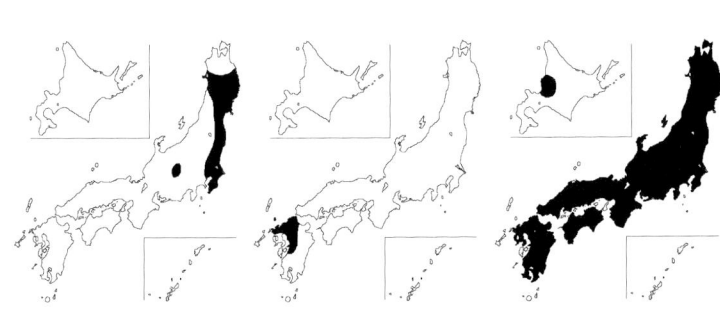

ゼニタナゴ　　カゼトゲタナゴ　　タイリクバラタナゴ

カマツカ型（p.34） 背ビレが小さい　胸ビレが水平につく

カマツカ（コイ科）p.34
全長は20cmほど。背中や体側に黄色と黒色がいりじった細かいもようがある。上からみると，胸ビレを水平に広げていることがよくわかる。腹は平らで，透明がかった白色。口は下むきで前にのび，2本の白い口ヒゲがある。川の中〜下流や湖の砂底でくらし，エサを砂といっしょにすいこみ，エラあなから砂だけを出す。危険を感じると，砂にもぐって目だけを出す。産卵は5〜6月の夜間におこなわれ，流れのある水面近くまで上がってきて卵をばらまく。

ツチフキ：成熟したオスは，背ビレの外側が円形に大きくのび，胸ビレの前の筋に，のこぎりのような白色のトゲがはえる。

ツチフキ（コイ科）p.34
全長は10cmほど。カマツカとにているが，全体に太短く，鼻先が短い。2本の口ヒゲがあり，目から鼻先にかけて1本の黒い線がある。川の下流のわんどやほとんど流れのない水路のドロの底でくらす。4〜5月，浅い水底にすり鉢のような巣をつくって産卵し，オスは卵を口に入れてエラぶたから出すことによって卵をクリーニングする。

ゼゼラ（コイ科）p.34
全長は7cmほど。体形はカマツカやツチフキとにているが，頭が丸く，口はたいへん小さく，ヒゲはない。川の下流のわんど，水路，湖沼などの砂やドロの底でくらす。4〜7月，オスとメスがいっしょにアオミドロや水草の根のあいだにもぐりこみ，透明でズ

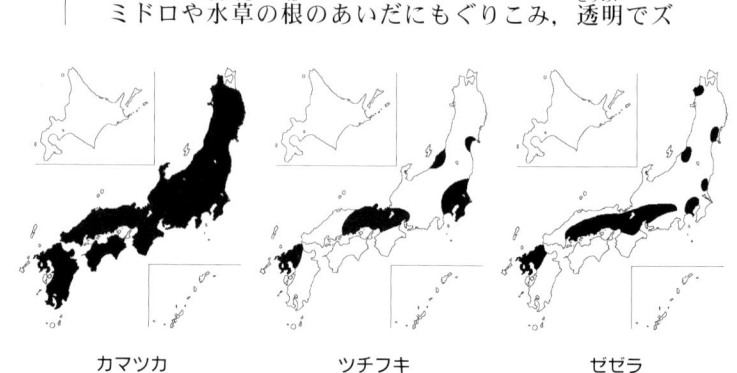

カマツカ　　　　　　ツチフキ　　　　　　ゼゼラ